国家骨干高职院校央财支持重点专业建设成果

数字信号处理项目教程

主　编　　刘晓阳　　闫　青
副主编　　郭振慧　　张志华　　王亮亮　　初风钦

西南交通大学出版社
·成　都·

图书在版编目（ＣＩＰ）数据

数字信号处理项目教程／刘晓阳，闫青主编. —成
都：西南交通大学出版社，2015.2（2018.1 重印）
ISBN 978-7-5643-3759-9

Ⅰ. ①数… Ⅱ. ①刘… ②闫… Ⅲ. ①数字信号处理
– 高等职业教育 – 教材　Ⅳ. ①TN911.72

中国版本图书馆 CIP 数据核字（2015）第 034632 号

数字信号处理项目教程

主编　刘晓阳　闫　青

责 任 编 辑	宋彦博	
封 面 设 计	米迦设计工作室	
出 版 发 行	西南交通大学出版社 （四川省成都市二环路北一段 111 号 西南交通大学创新大厦 21 楼）	
发行部电话	028-87600564　028-87600533	
邮 政 编 码	610031	
网　　址	http://www.xnjdcbs.com	
印　　刷	四川煤田地质制图印刷厂	
成 品 尺 寸	185 mm×260 mm	
印　　张	11	
字　　数	275 千	
版　　次	2015 年 2 月第 1 版	
印　　次	2018 年 1 月第 2 次	
书　　号	ISBN 978-7-5643-3759-9	
定　　价	28.00 元	

课件咨询电话：028-87600533

前　言

目前，高职院校工科类特别是电类各专业，普遍开设了"数字信号处理"课程，目的是使学生掌握数字电路的信号分析与处理的基本知识、基本变换、分析算法，为其学习后续课程以及 DSP 处理器的开发与应用打下基础。但是作为一门专业基础课，其本身基础性、预备性的知识比较多，理论性比较强，不大容易激发兴趣和讲出特色。

为此，本书作者根据应用型人才的培养特点，在内容上略去了繁杂的数学公式推导和一些烦琐的运算、证明过程。本书总体上偏重于打牢基础，对于某些复杂的理论问题，仅做纲要式的说明或者点到为止。全书内容精练，逻辑清晰，图表丰富，实用性强。

本书按照 50~70 学时编写，并按照知识学习与能力培养的渐次梯度，共分为八个项目，每个项目再下设若干子项目。绪论及项目一主要介绍本课程的背景知识、基本概念，以及数字信号与系统的基本概念、性质和运算。项目二、项目三和项目四，依次介绍了数字信号处理的基本数学工具：序列的傅里叶变换、z 变换和离散傅里叶变换。该部分侧重于对基本原理和算法的介绍。项目五简单介绍了离散傅里叶变换的快速算法——快速傅里叶变换（FFT）的基本运算流程以及基 2 FFT 算法。项目六是对滤波器的综述性介绍，包含了模拟滤波器的一部分内容。项目七介绍了时域离散信号的基本网络结构，包括 IIR 结构和 FIR 结构，重点是系统函数、差分方程与信号流图的转化问题。项目八集中介绍了数字滤波器的设计，包括 IIR 型和 FIR 型的不同设计算法。每个项目后均附有项目小结、项目实训和习题。

MATLAB 是当前最优秀的科技应用软件之一，是学习和应用数字信号处理技术的重要工具。本书在每个学习项目的项目实训中，都设置了 MATLAB 的仿真实训。读者将自编程序或者实训中列出的程序输入计算机，运行后就可以得到相应的仿真结果，以帮助对知识的理解和运用。仿真实训项目是本书的特色之一。

学习本书前，建议读者先学习高等数学或工程数学、信号与系统等课程。

本书由济南职业学院的刘晓阳、山东商业职业技术学院的闫青担任主编，由济南职业学院的郭振慧、张志华，山东商业职业技术学院的王亮亮、初风钦担任副主编。同时，本书的编写也得到了青岛海信通信公司、济南钢铁股份有限公司有关技术人员的大力协助。全书由刘晓阳统稿。2014 年适逢济南职业学院"国家骨干高职院校"项目建设的收官之年，本书同时也是该项目重点建设专业——应用电子技术专业的建设成果之一。

本书在编写过程中参考了兄弟院校、相关企业和科研院所的一些教材、资料和文献，在此向有关作者一并致谢。

由于时间仓促，加之作者能力有限，书中内容尚有不少待改进之处，恳请广大读者和专家批评指正。

编　者
2014 年 11 月

目　录

绪　论

一、基本概念

1. 信号与信息

21世纪是信息化的时代。关于信息这个范畴，学界有各种不同的解释，如：信息是一种场，信息是一种意识，信息是能量和物质在时间和空间分布的不均匀性，信息是一种关系，等等。

信息的载体是信号。所谓信号，是含有信息的、随着时间和空间的变化而变化的物理量或物理现象。例如：交通灯传递的是光信号；人的脉搏传递的是力信号；各种语音信号从本质上说都是由振动产生的，也可以统归为力信号。其中，电信号最便于发送、传输、接收和存储，因此目前应用最为广泛。

所谓电信号，一般来说是随着时间、空间、频率等的变化而变化的电压、电流或电磁波。目前人们所使用的各类电子产品，从信号与信息的角度讲，其实都是将电信号与声、光、力信号进行转换的一个信息系统。

本书所论述的，并不是上述这些具体的信号，而是将具体信号内在的输入、输出间的变化关系抽象出来，作为一种函数关系，借助特定的数学变换工具，从信号函数的角度进行分析和讲解。

2. 模拟信号与数字信号

信号是随着时间而变化的。把信号看作时间的函数，如果信号函数的自变量和函数值都是连续值，则称其为模拟信号，如语音、水位、体温等；如果信号函数的自变量和函数值都是离散值，则称其为数字信号。

如果对模拟信号进行离散采样，例如对病人每小时测一次体温，对河流每天测一次水位等，这样得到的信号自变量取离散值，而函数值仍为连续值，则称其为时域离散信号，也称为序列。序列是本书研究的重点。

信号离不开系统。通常把物理上对信号进行处理的装置或技术统称为系统。

二、数字信号处理及其实现

所谓数字信号处理，其实质就是运算，是利用数值计算的方法对信号进行处理，也指研究如何用数字或符号序列来表示信号以及对这些序列做处理的一门学科。这里的运算包括滤波、变换、检测、谱分析、估计、压缩、识别等一系列加工处理。

数字信号处理的实现可以采取软件和硬件两种方法。软件方法是利用通用计算机，输入算法程序来实现，如时下较流行的 MATLAB，就是一款功能强大的信号处理软件。硬件方法是按照具体的要求和算法，设计专用的数字信号处理芯片，解决具体问题。数字信号处理芯片简称 DSP，如 TI 公司的 TMS320C5000 系列、TMS320C6000 系列等。目前，工程应用中更趋向于 DSP 芯片配置相应的信号处理软件，构成通用 DSP 芯片，即采用软硬件相结合的方法。目前，世界上三大 DSP 芯片生产商分别是德州仪器公司（TI）、模拟器件公司（ADI）、摩托罗拉（Motorola）公司。这三家公司几乎垄断了通用 DSP 芯片市场。

三、数字信号处理的优点

现代数字信号处理技术始于 20 世纪 60 年代，其奠基人是著名的美国信息论专家香农。随着当今电子计算机技术的飞速发展，数字信号处理的各种新理论、新算法、新技术仍然层出不穷。

数字信号处理相对于传统的模拟信号处理具有许多优点，如高灵活性、高精度、高稳定性、便于大规模集成等，尤其可以通过对数字信号的存储和运算，使系统获得高性能指标，达到许多模拟系统所无法实现的功能。例如，电视系统的各种视频特技、画中画、画面尺度变换，通过延时以实现非因果系统，等等。

当前，数字信号处理技术已经涉及人工智能、航空航天、模式识别、图像处理、通信、雷达、故障检测等许多领域。"数字信号处理"这一课程，也已成为电子信息类专业的一门重要专业基础课。本书主要介绍数字信号处理的基本原理、算法及其分析方法。

项目一 时域离散系统

项目要点:

① 各类典型时域离散信号的表达式、波形及其特性;
② 常用的序列运算、线性卷积运算;
③ 时域离散系统的性质;
④ 差分方程的递推法求解;
⑤ 采样定理的内容。

子项目一 时域离散信号

一、序 列

绪论中已讲到,时域离散信号即为序列。序列有三种表示方法。

(1)公式表示:通常用 $x(n)$ 表示序列,n 是序数,作为时间参量。根据序列的定义,n 要取整数,否则无意义。

(2)图形表示:在时域分析中以横轴作为时间轴,用纵轴表示幅度,在二维的坐标系中表示出序列的波形,体现信号函数的运算关系。

(3)集合符号表示:将序列视为一组有序的数的集合,可以表示成集合的形式,如 $x(n)=$ {…1, 2.5, 3.7, 0, 0.4…}。这种形式常用于 MATLAB 编程中。

二、典型序列

1. 单位脉冲序列 $\delta(n)$

$$\delta(n) = \begin{cases} 1, & n = 0 \\ 0, & n \neq 0 \end{cases} \tag{1.1.1}$$

单位脉冲序列也称单位采样序列,如图 1.1.1 所示。其特点是当且仅当 $n=0$ 时取值为 1,其他情况下取值均为零。

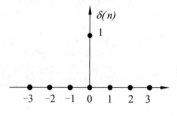

图 1.1.1　单位脉冲序列

2. 单位阶跃序列 $u(n)$

$$u(n) = \begin{cases} 1, & n \geqslant 0 \\ 0, & n < 0 \end{cases} \tag{1.1.2}$$

单位阶跃序列如图 1.1.2 所示。其特点是当且仅当 $n \geqslant 0$ 时取值为 1，$n < 0$ 时取值为零。单位阶跃序列也可用单位脉冲序列来表示。

$$u(n) = \sum_{m=-\infty}^{n} \delta(n-m) \tag{1.1.3}$$

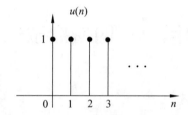

图 1.1.2　单位阶跃序列

同样，单位脉冲序列 $\delta(n)$ 也可以用单位阶跃序列来表示：

$$\delta(n) = u(n) - u(n-1) \tag{1.1.4}$$

3. 矩形序列 $R_N(n)$

$$R_N(n) = \begin{cases} 1, & 0 \leqslant n \leqslant N-1 \\ 0, & 其他 \end{cases} \tag{1.1.5}$$

式（1.1.5）中的 N 代表矩形序列的长度。$N=4$ 时的矩形序列如图 1.1.3 所示。

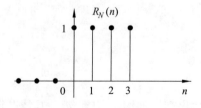

图 1.1.3　矩形序列

4. 实指数序列

$$x(n) = a^n u(n), a \text{ 为实数} \tag{1.1.6}$$

式（1.1.6）中，a 的取值直接影响序列的波形。如图 1.1.4 所示，当 $a > 1$ 时，$x(n)$ 的幅度随着 n 的增大而增大，此时称序列发散；当 $0 < a < 1$ 时，$x(n)$ 的幅度随着 n 的增大而减小，此时称序列收敛。

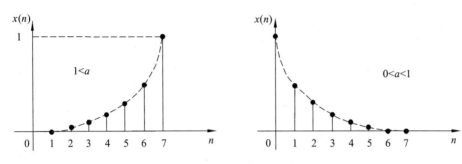

图 1.1.4　实指数序列

5. 复指数序列

$$x(n) = \mathrm{e}^{\mathrm{j}\omega n} \tag{1.1.7}$$

在式（1.1.7）中，ω 是数字域频率。在含有复指数序列的运算中，常用欧拉公式来实现复指数形式和三角函数形式之间的转换，如式（1.1.8）和式（1.1.9）所示。

$$\mathrm{e}^{\mathrm{j}\omega n} = \cos\omega n + \mathrm{j}\sin\omega n \tag{1.1.8}$$

$$\begin{cases} \cos\omega n = \dfrac{1}{2}(\mathrm{e}^{\mathrm{j}\omega n} + \mathrm{e}^{-\mathrm{j}\omega n}) \\ \sin\omega n = -\dfrac{1}{2}\mathrm{j}(\mathrm{e}^{\mathrm{j}\omega n} - \mathrm{e}^{-\mathrm{j}\omega n}) \end{cases} \tag{1.1.9}$$

由于 n 要取整数，因此根据欧拉公式，只要令 M 取整数，则下列关系成立：

$$\cos[(\omega + 2\pi M)n] = \cos\omega n, \quad \sin[(\omega + 2\pi M)n] = \sin\omega n, \quad \mathrm{e}^{\mathrm{j}(\omega + 2\pi M)n} = \mathrm{e}^{\mathrm{j}\omega n}$$

这就表明复指数序列是以 2π 为周期的周期序列，因此在频率域只考虑一个周期（$[-\pi，\pi]$ 或者 $[0，2\pi]$）即可。

6. 正弦序列

$$x(n) = \sin\omega n \tag{1.1.10}$$

式（1.1.10）中的 ω 表示正弦序列的数字域频率，单位是弧度（rad）。弧度与角度的换算

关系是

$$1 \text{ rad} \approx \left(\frac{180}{\pi}\right)^{\circ}$$

本书中以 Ω 和 f 分别表示模拟角频率和模拟频率。ω 与模拟角频率 Ω 之间的关系是 $\omega = \Omega T$。

正弦序列如图 1.1.5 所示。

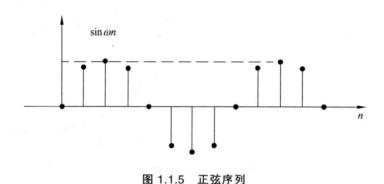

图 1.1.5 正弦序列

7. 周期序列

若对于任意的 n 都存在一个最小的正整数 N，令下面的等式成立，则称 $x(n)$ 为周期序列。

$$x(n) = x(n+N), \quad -\infty < n < \infty \tag{1.1.11}$$

序列的周期为 N。注意 N 只能是正整数。

对于形如 $x(n) = A\sin(\omega n + \varphi)$ 的正弦序列，其周期的判断有两种情况。

（1）若 $2\pi/\omega$ 为无理数，则该正弦序列非周期序列。

（2）若 $2\pi/\omega$ 为有理数，则该正弦序列是周期序列。此时如果 $2\pi/\omega$ 为整数，则该正弦序列的周期即为 $2\pi/\omega$；如果 $2\pi/\omega$ 是形如 J/K 的分数，并且 J、K 是互为素数的整数，则该正弦序列的周期为 J。

【例 1.1.1】 已知 $x(n) = \sin\left(\frac{4\pi}{11}n\right)$，求其周期。

解：　　　　$\omega_0 = \dfrac{4\pi}{11}$

则有　　　　$\dfrac{2\pi}{\omega_0} = 2\pi\dfrac{11}{4\pi} = \dfrac{11}{2} = \dfrac{J}{K}$

所以 $N=11$，即周期为 11。

为了验证运算结果，绘出 $x(n) = \sin\left(\dfrac{4\pi}{11}n\right)$ 序列，如图 1.1.6 所示，可以看出它是一个周期 $N=11$ 的周期序列。

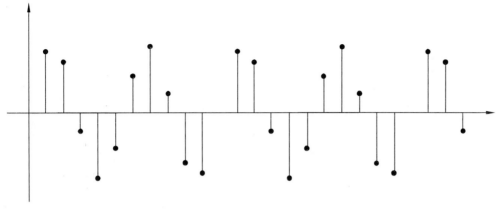

图 1.1.6 $x(n) = \sin\left(\dfrac{4\pi}{11}n\right)$ 序列

三、任意序列的通式

对于任意序列，常用单位脉冲序列的移位加权和来表示，如式（1.1.12）所示。其中 $x(m)$ 的值代表幅度，$\delta(n-m)$ 表征相位。

$$x(n) = \sum_{m=-\infty}^{\infty} x(m)\delta(n-m) \tag{1.1.12}$$

【例 1.1.2】 已知序列 $x(n) = -\delta(n+2) + \delta(n+1) + 2\delta(n) + 1.5\delta(n-1) + 0.5\delta(n-2)$，试画出其波形。

解：该序列的波形如图 1.1.7 所示。

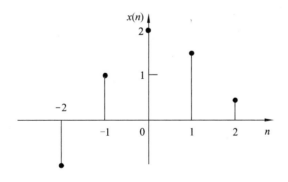

图 1.1.7 例 1.1.1 图

四、序列的运算

1. 加法和乘法

序列相加或相乘时，只需将横坐标相同的对应项直接相加或相乘即可，如图 1.1.8 所示。

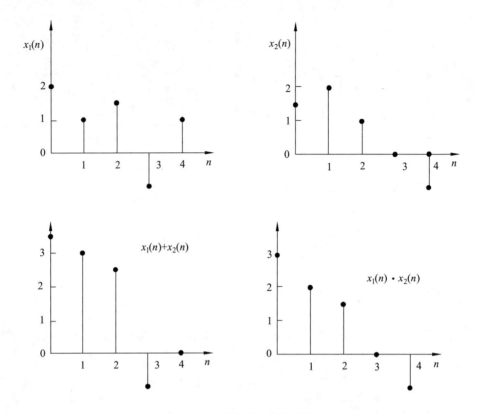

图 1.1.8　序列的加法和乘法

2. 移　位

设 n_0 为一个正整数，则 $x(n-n_0)$ 表示序列沿横轴正方向平移 n_0 个单位，如图 1.1.9（b）所示，称为延时序列；$x(n+n_0)$ 表示序列沿横轴负方向平移 n_0 个单位，称为超前序列。

3. 翻　转

$x(-n)$ 是 $x(n)$ 的翻转序列，将 $x(n)$ 以纵坐标轴为对称轴取对称值即可得到，如图 1.1.9（c）所示。

在此应注意，当序列运算中既有移位又有翻转时，应先翻转后移位。例如 $x(2-n)$，应当先将 $x(n)$ 翻转得到 $x(-n)$，再向正方向平移 2 个单位，得 $x[-(n-2)]$ 即 $x(2-n)$。

4. 尺度变换

$x(mn)$ 是 $x(n)$ 的尺度变换，是将 $x(n)$ 压缩了 m 倍后得到的。例如，$x(2n)$ 是将 $x(n)$ 压缩了 2 倍后得到的，如图 1.1.9（d）所示；$x(n/2)$ 是将 $x(n)$ 压缩了 1/2 倍即拉伸了 2 倍后得到的。此外应注意，压缩运算后非零点应删去，如图中的虚线所示。

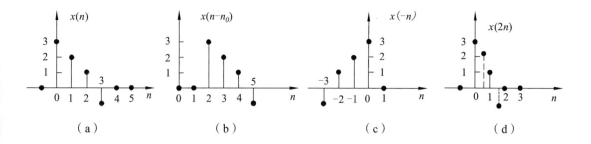

图 1.1.9 序列的移位、翻转和尺度变换

【例 1.1.3】 序列 $x(n)$ 如图 1.1.10 所示，试写出其表达式并画出 $2x(1-n)$ 的波形。

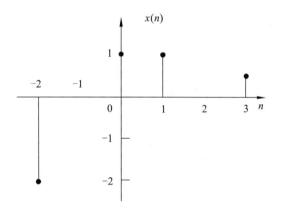

图 1.1.10 序列 $x(n)$ 的波形图

解：序列表达式为

$$x(n) = -2\delta(n+2) + \delta(n) + \delta(n-1) + 0.5\delta(n-3)$$

$2x(1-n)$ 的波形如图 1.1.11 所示。

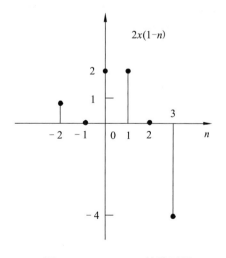

图 1.1.11 $2x(1-n)$ 的波形图

子项目二　时域离散系统的性质与运算

一、线性时不变系统

如前所述，系统代表一种或多种运算关系，该运算关系用 $T[\cdot]$ 表示，称为算子。如图 1.2.1 所示，系统的输入、输出序列分别用 $x(n)$、$y(n)$ 来表示，系统的运算关系即为

$$y(n)= T[x(n)]$$

称 $y(n)$ 是 $x(n)$ 的变换。

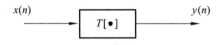

图 1.2.1　时域离散系统

在时域离散系统中，最重要且最常见的是线性时不变系统。许多物理过程都可以用这类系统来表征。该系统具有两个性质：线性和时不变性。

1. 线　性

所谓线性，即常值比例关系，如一次函数 $y=ax$（a 是常数），y 和 x 之间就满足线性关系。而 y 和 a 之间就不是线性关系。所谓线性系统，就是满足线性叠加原理的系统。设 $x_1(n)$、$x_2(n)$ 分别为系统的输入序列，与之对应的输出分别是 $y_1(n)$、$y_2(n)$，即 $y_1(n)$、$y_2(n)$ 分别是 $x_1(n)$、$x_2(n)$ 的变换，则满足线性叠加原理是指输入序列线性组合的变换等于变换的线性组合，如式(1.2.1)所示。

$$T[ax_1(n)+bx_2(n)]=T[ax_1(n)]+T[bx_2(n)]=ay_1(n)+by_2(n) \quad (1.2.1)$$

上式中，a，b 皆为常数。此公式也可以简化为

$$T[x_1(n)+x_2(n)]=T[x_1(n)]+T[x_2(n)]=y_1(n)+y_2(n)$$

本书中所讨论的皆为线性系统。

【例 1.2.1】　已知 $y(n)= [x(n)]^2$，判断其是否线性系统。

解：线性组合的变换为

$$[x_1(n)+x_2(n)]^2$$

变换的线性组合为

$$[x_1(n)]^2+ [x_2(n)]^2$$

显然

$$[x_1(n)+x_2(n)]^2 \neq [x_1(n)]^2+ [x_2(n)]^2$$

所以该系统为非线性系统。

同理可验证 $y(n)=ax(n)$、$y(n)=x(n)\cos(\omega n+\frac{\pi}{4})$ 等系统是线性系统。

2. 时不变性

若系统的算子 $T[\cdot]$ 不随时间的变化而变化，或者说移位运算不改变序列的波形，则称该系统具有时不变性，也称移不变性、非时变性。即系统先移位后变换等同于先变换后移位，则可证明其具有时不变性。

【例 1.2.2】　已知 $y(n)=nx(n)$，判断其是否为时不变系统。

解：先移位，后变换，得

$$x(n)\rightarrow x(n-n_0)$$

$$x(n-n_0)\rightarrow y'(n)=nx(n-n_0)$$

先变换，后移位，得

$$x(n)\rightarrow nx(n)$$

$$nx(n)\rightarrow y(n-n_0)=(n-n_0)x(n-n_0)$$

显然

$$y(n-n_0)\neq y'(n)$$

所以该系统是时变系统。

同理可验证 $y(n)=ax(n)$、$y(n)=[x(n)]^2$ 等系统是时不变系统。

【例 1.2.3】　设 $y(n)=x(Mn)$，试判断其是否为时不变系统。

解：如题目所示关系定义的系统通常被称为 M 阶压缩器。由上节序列的尺度变换性质可知，压缩器就是从 M 个样本中抛弃 $(M-1)$ 个，即输出序列 $y(n)$ 是由输入序列 $x(n)$ 中每隔 M 个样本来构成的。下面通过举反例的方式证明该系统是时变系统：

设输入为

$$x_1(n)=x(n-n_0)$$

则

$$y_1(n)=x_1(Mn)=x(Mn-n_0)$$

如果系统是时不变的，则 $x(n-n_0)$ 对应的输出应为 $y(n-n_0)=x(Mn-Mn_0)$，显然 $y_1(n)\neq y(n-n_0)$，因而压缩器系统不是时不变系统。

3. 线性时不变系统的输入输出关系

假设某线性时不变系统的输入为单位脉冲序列 $\delta(n)$，如果该系统的初始状态为零，则此时系统的输出定义为系统的单位脉冲响应，用 $h(n)$ 表示。换句话说，单位取样响应即系统对于 $\delta(n)$ 的零状态响应。用公式表示为

$$y(n)=h(n)=T[\delta(n)]$$

单位取样响应 $h(n)$ 和模拟系统中的单位冲激响应 $h(t)$ 类似，都代表系统的时域特征。

对于任意的输入序列，经过系统 $h(n)$ 变换后，输出为

$$y(n) = \sum_{m=\infty}^{\infty} x(m)h(n-m) = x(n)*h(n)$$

因此，对于线性时不变系统，完全可以用它的单位脉冲响应 $h(n)$ 来表征。

二、系统的因果性与稳定性

1. 因果性

如果系统在 n 时刻的输出只取决于 n 时刻以及 n 时刻以前的输入序列，而与 n 时刻之后的输入序列无关，则称该系统具有因果性；如果系统在 n 时刻的输出还与 n 时刻以后的输入序列有关，即在时间上违背了因果性，则称其为非因果系统。显然，因果性即为物理可实现性。

线性时不变系统具有因果性的充要条件是：

$$h(n)=0, \quad n<0 \qquad\qquad (1.2.2)$$

从波形上看，因果系统在横轴的负半轴上没有点。

模拟非因果系统在物理上确实不可实现，但是数字非因果系统可以通过存储和延时功能近似实现。

2. 稳定性

系统对于任意有界的输入，都能得到有界的输出，则称其具有稳定性。若系统不稳定，则对于任意输入的响应都会无限制地增长，因此设计系统时应当避免这种情况。系统稳定的充要条件如式（1.2.3）所示。

$$\sum_{n=-\infty}^{\infty} |h(n)| < \infty \qquad\qquad (1.2.3)$$

【例 1.2.4】 已知系统的单位脉冲响应 $h(n)=u(n)$，试判断其因果性与稳定性。

解： 根据单位阶跃序列的特性，$h(n)=u(n)=0$，$n<0$，因此该系统是因果系统。

同时，$\sum\limits_{n=0}^{\infty} |h(n)| = \sum\limits_{n=0}^{\infty} |u(n)| = \infty$，因此该系统是稳定系统。

【例 1.2.5】 系统的输入和输出分别用 $x(n)$ 和 $y(n)$ 表示，$y(n)=x(n-n_0)$，试判断该系统的：① 线性；② 时不变性；③ 因果性；④ 稳定性。

解： ① $\quad T[x_1(n)+x_2(n)]=x_1(n-n_0)+x_2(n-n_0)$

$$T[x_1(n)]+T[x_2(n)]=x_1(n-n_0)+x_2(n-n_0)$$

因此，线性组合的变换=变换的线性组合，即

$$T[x_1(n)+x_2(n)]=T[x_1(n)]+T[x_2(n)]$$

所以该系统是线性系统。

②　　　　　　　　　$T[x(n-n_0)]=x(n-2n_0)$

$$y(n-n_0)=x(n-2n_0)$$

因此，先移位后变换=先变换后移位，即

$$T[x(n-n_0)]=y(n-n_0)$$

所以该系统是时不变系统。

③ 在此可根据序列的移位特性，先判断出 $y(n)$ 的波形。

从波形上来看，当 $n_0 \geq 0$ 时，$y(n)$ 上的点不会落在负半轴上，此时系统是因果系统；当 $n_0 < 0$ 时，$y(n)$ 上的点将会整体或部分地落在负半轴上，此时系统是非因果系统。

④ 由于系统是时不变系统，因此若 $|x(n)| \leq M$（$M<\infty$），则 $|x(n-n_0)| \leq M$。此时系统是稳定的，否则系统是不稳定的。

三、线性卷积运算

对于任意线性时不变系统，其输出等于输入序列和该系统单位脉冲响应的卷积。卷积运算又称卷积和，用符号"＊"表示。若已知系统的输入，欲求其输出，则可利用式（1.2.4）进行计算。卷积运算的实质参见式（1.2.5）。

$$y(n)=x(n) * h(n) \tag{1.2.4}$$

$$y(n)= \sum_{m=-\infty}^{\infty} x(m)h(n-m) \tag{1.2.5}$$

根据式（1.2.5），卷积运算是一个动态的过程，其步骤大致如下：

（1）将 $x(n)$、$h(n)$ 分别用 $x(m)$、$h(n-m)$ 表示。

（2）$x(m)$ 静止，$h(n-m)$ 在横轴上移位，移位量随着 n 的取值变大而逐渐增大。

初始状态下 n 取值为零，因此从 $h(-m)$ 开始算起。换句话说，第一步就是将 $h(n)$ 用 $h(m)$ 表示后再对 $h(m)$ 取翻转。

（3）$h(n-m)$ 随着时间参量 n 的变化而移动，每移动一位就将 $x(m)$ 和 $h(n-m)$ 横坐标相同的序列值分别相乘再相加，所得即为该时刻的输出序列的值。

卷积运算的求解一般有三种方法：

一是图解法，主要是针对比较简单的序列。图解法可以比较清晰地体现卷积运算的原理和过程，如图 1.2.2 所示。

二是解析法，是根据非零区间确定求和域的上下限以进行解析。解析法可以处理无限长序列的卷积。

三是公式法，也是本书重点介绍的方法。公式法利用了单位脉冲序列 $\delta(n)$ 的两个特性：① 任意序列与 $\delta(n)$ 的卷积等于该序列自身，如式（1.2.6）所示；② z 任意序列与 $\delta(n)$ 的加权移位取卷积，可以获得 $\delta(n)$ 加权移位序列的幅度和相位，如式（1.2.7）所示。

$$x(n)=x(n) * \delta(n) \tag{1.2.6}$$

$$Ax(n-n_0)=x(n) * A\delta(n-n_0) \tag{1.2.7}$$

【例 1.2.6】　已知 $x(n)=R_4(n)$、$h(n)=2R_4(n)$，试求输出序列 $y(n)$。

解：

（1）图解法：

根据前面介绍的卷积运算过程，通过画图得到最终结果。

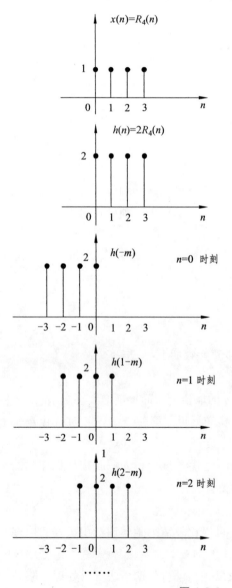

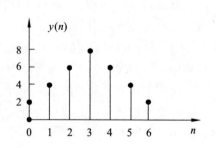

运算结果

图 1.2.2　例 1.2.4 中卷积运算的过程

（2）公式法：

将 $h(n)$ 展开写成 $\delta(n)$ 的移位加权和的形式，即

$$h(n)=2R_4(n)=2\,\delta(n)+2\,\delta(n-1)+2\,\delta(n-2)+2\,\delta(n-3)$$

由式（1.2.4）、式（1.2.6）和式（1.2.7）得

$$
\begin{aligned}
y(n)&=x(n)*h(n)\\
&=x(n)*[2\,\delta(n)+2\,\delta(n-1)+2\,\delta(n-2)+2\,\delta(n-3)]\\
&=2\,x(n)+2\,x(n-1)+2\,x(n-2)+2\,x(n-3)]\\
&=2\,R_4(n)+2\,R_4(n-1)+2\,R_4(n-2)+2\,R_4(n-3)\\
&=2\,\delta(n)+4\,\delta(n-1)+6\,\delta(n-2)+8\,\delta(n-3)+6\,\delta(n-4)+4\,\delta(n-5)+2\,\delta(n-6)
\end{aligned}
$$

经验证，两种方法得出的运算结果是一致的。

从例 1.2.6 中可以看出，卷积中主要涉及的运算有翻转、移位、相乘和相加，称为序列的线性卷积。两个长度分别是 M、N 的序列取线性卷积后得到的序列长度为 $M+N-1$。卷积运算满足交换律、分配律和结合律，分别见于式（1.2.8）~（1.2.10）。

$$x(n)*h(n)=h(n)*x(n) \tag{1.2.8}$$

$$x(n)*[h_1(n)+h_2(n)]=x(n)*h_1(n)+x(n)*h_2(n) \tag{1.2.9}$$

$$x(n)*[h_1(n)*h_2(n)]=[x(n)*h_1(n)]*h_2(n) \tag{1.2.10}$$

子项目三　差分方程

一、输入输出描述法

对于一个系统，可以不考虑其内部结构和原理，而是将其视为一个黑箱，只描述和研究系统输入和输出间的关系，这种方法称为输入输出描述法。若将系统内部结构和输入输出联系起来，即为状态变量分析法，本书不做介绍。对于时域离散系统，用差分方程描述和研究输入输出关系。

二、线性常系数差分方程

对于线性时不变系统，经常用到的是线性常系数差分方程。一个 N 阶线性常系数差分方程的通式如式（1.3.1）所示。

$$y(n)=\sum_{i=0}^{M}b_i x(n-i)-\sum_{i=1}^{N}a_i y(n-i) \tag{1.3.1}$$

式中，$x(n)$ 和 $y(n)$ 表示系统的输入和输出，系数 a_i 和 b_i 皆为常数。差分方程的阶数根据 $y(n-i)$ 项来确定。如在式（1.3.1）中，i 的最大值是 N，最小值是 0，因此是 N 阶差分方程。

三、递推法解线性常系数差分方程

求解差分方程的基本方法有多种，本节只介绍递推法。用该方法解方程需要初始条件，可以由解题者随机选取。N 阶差分方程的求解需要 N 个初始条件。差分方程的解根据初始条件的不同而不同。

【例 1.3.1】 已知系统的差分方程 $y(n)=a^2y(n-1)+x(n)$，输入序列 $x(n)=\delta(n)$，求输出序列 $y(n)$。

解：该方程属于一阶差分方程，需要一个初始条件。为方便后续的递推运算，设初始条件为 $y(-1)=0$。

当 $n=0$ 时，$y(0)=a^2y(-1)+\delta(0)$，代入初始条件得 $y(0)=1$；

当 $n=1$ 时，$y(1)=a^2y(0)+\delta(1)$，代入 $y(0)$ 递推得 $y(1)=a^2$；

当 $n=2$ 时，$y(2)=a^2y(1)+\delta(2)$，代入 $y(1)$ 递推得 $y(2)=a^4$；

当 $n=3$ 时，$y(3)=a^2y(2)+\delta(3)$，代入 $y(2)$ 递推得 $y(3)=a^6$；

……

当 $n=n$ 时，$y(n)=a^{2n}$。

所以，输出序列

$$y(n)=a^{2n}u(n)$$

同理，如设初始条件为 $y(-1)=1$，则可递推解得输出为 $y(n)=(1+a^2)a^{2n}u(n)$。

【例 1.3.2】 已知系统的差分方程 $y(n)=ay(n-1)+\delta(n-1)$，初始条件 $y(-1)=1$，求输出序列 $y(n)$。

解：

当 $n=0$ 时，$y(0)=ay(-1)+\delta(-1)$，代入初始条件得 $y(0)=a$；

当 $n=1$ 时，$y(1)=ay(0)+\delta(0)$，代入 $y(0)$ 递推得 $y(1)=1+a^2$；

当 $n=2$ 时，$y(2)=ay(1)+\delta(1)$，代入 $y(1)$ 递推得 $y(2)=a(1+a^2)$；

当 $n=3$ 时，$y(3)=ay(2)+\delta(2)$，代入 $y(2)$ 递推得 $y(3)=a^2(1+a^2)$；

……

当 $n=n$ 时，$y(n)=a^{n-1}(1+a^2)$。

所以，输出序列

$$y(n)=(1+a^2)a^{n-1}u(n-1)+a\delta(n)$$

本例中要注意 $n=0$ 时运算结果的处理。

子项目四　采样定理

一、模拟信号的数字化

模拟信号必须经过采样和量化编码转换为数字信号后，才能采用数字信号技术进行处理。

处理完毕后如果需要，还要再转换为模拟信号。例如，一张图片被扫描仪扫入计算机，保存为二进制码的数字信号，经修改、处理后再从打印机打出又还原成图片。模拟信号的数字处理的示意图如图 1.4.1 所示。图中 A/D、D/A 分别代表模-数转换和数-模转换。本节介绍 A/D 转换过程中的采样及其恢复。

图 1.4.1　模拟信号数字处理示意图

采样过程中，模拟信号用 $x_a(t)$ 表示，时间参数 t 是连续变化的。采样信号的周期为 T。为了与信号自身的周期加以区别，通常将采样周期表示为 T_s，信号周期表示为 T_c。采样之后得到的时域离散信号的时间参数为 n，n 必须取整数。三个参数之间满足 $t=nT_s$。由此模拟信号 $x_a(t)$ 也就转化成了时域离散信号 $x(n)$。

【**例 1.4.1**】　已知模拟信号为 $x_a(t) = \cos\left(2\pi ft + \dfrac{\pi}{8}\right)$，其中信号频率 f_c=50 Hz，采样信号的周期 T_s=0.005 s。试对其进行数字化处理。最终数据采用 6 位二进制码表示。

解： 采样信号的频率

$$f_s = 1/T_s = 200 \text{ Hz}$$

将模拟时间参数 t 用 nT_s 来表示，即

$$t = n/f_s$$

$$x_a(nT) = \cos\left(2\pi fn/f_s + \frac{\pi}{8}\right)$$

$$= \cos\left(\frac{2\pi n \times 50}{200} + \frac{\pi}{8}\right)$$

$$= \cos\left(\frac{\pi n}{2} + \frac{\pi}{8}\right)$$

令 n 取 $\{\cdots,\ 0,\ 1,\ 2,\ 3,\ \cdots\}$，则得到序列

$$x(n) = \{\cdots,\ 0.382\,683,\ 0.923\,879,\ -0.382\,683,\ -0.923\,879\cdots\}$$

将数据转化为 6 位二进制数，其中一位作为符号位，进行量化编码，则得到数字信号 $\hat{x}(n)$。

$$\hat{x}(n) = \{\cdots,\ 0.011\,00,\ 0.111\,01,\ 1.011\,00,\ 1.111\,01,\ \cdots\}$$

以上就是模拟信号数字化的全过程。

若用十进制数表示 $\hat{x}(n)$，则为

$$\hat{x}(n) = \{\cdots,\ 0.375\,00,\ 0.906\,25,\ -0.375\,00,\ -0.906\,25,\ \cdots\}$$

本例中量化编码之后的 $\hat{x}(n)$ 与原时域离散信号 $x(n)$ 并不完全相同，这种误差称为量化误

差。量化误差会造成量化效应。

二、采样定理的内容

采样定理包含两个方面的内容。

1. 采　样

若对连续的模拟信号进行等间隔采样，所得采样信号的频谱是原模拟信号的频谱以采样频率为周期进行周期延拓形成的。这一点可以概括为"原谱为形、采样为距、周期延拓"。这里所谓的频谱，表示的是信号幅度与频率的关系，将在项目二的频域分析中介绍。

对模拟信号进行采样可以看作一个模拟信号通过一个电子开关 S，设电子开关每隔周期 T 合上一次，每次合上的时间 $\tau \leqslant T$，在电子开关输出端得到其采样信号 $\hat{x}_a(t)$。该电子开关的作用可等效成一宽度为 τ，周期为 T 的矩形脉冲串 $P_T(t)$，采样信号 $\hat{x}_a(t)$ 就是 $x_a(t)$ 与 $P_T(t)$ 相乘的结果。如果让电子开关合上的时间 $\tau \to 0$，则形成理想采样，此时上面的脉冲串变成单位冲激串，用 $P_\delta(t)$ 表示。$P_\delta(t)$ 中每个单位冲激处在采样点上，强度为 1。理想采样则是 $x_a(t)$ 与 $P_\delta(t)$ 相乘的结果，用公式表示为

$$P_\delta(t) = \sum_{n=-\infty}^{\infty} \delta(t - nT) \tag{1.4.1}$$

$$\hat{x}_a(t) = x_a(t) \cdot P_\delta(t) = \sum_{n=-\infty}^{\infty} x_a(t)\delta(t - nT) \tag{1.4.2}$$

式中，$\delta(t)$ 是单位冲激信号。

在式（1.4.2）中，$\hat{x}_a(t)$ 只有当 $t = nT$ 时，才可能有非零值，因此该式可写成如下形式：

$$\hat{x}_a(t) = \sum_{n=-\infty}^{\infty} x_a(nT)\delta(t - nT) \tag{1.4.3}$$

假设　$x_a(t)$ 的频谱为

$$X_a(\mathrm{j}\Omega) = FT[x_a(t)]$$

$\hat{x}_a(t)$ 的频谱为

$$\hat{X}_a(\mathrm{j}\Omega) = FT[\hat{x}_a(t)]$$

$P_\delta(t)$ 的频谱为

$$P_\delta(\mathrm{j}\Omega) = FT[P_\delta(t)] = \sum_{k=-\infty}^{\infty} 2\pi a_k \delta(\Omega - k\Omega_s)$$

式中，$\Omega_s = 2\pi/T$，称为采样角频率，单位是 rad/s。

$$a_k = \frac{1}{T} \int_{-T/2}^{T/2} \delta(t)\mathrm{e}^{-\mathrm{j}k\Omega_s t}\mathrm{d}t = \frac{1}{T}$$

因此

$$P_\delta(j\Omega) = \frac{2\pi}{T} \sum_{k=-\infty}^{\infty} \delta(\Omega - k\Omega_s)$$

$$\hat{X}_a(j\Omega) = \frac{1}{2\pi} X_a(j\Omega) * P_\delta(j\Omega)$$

$$= \frac{1}{2\pi} \cdot \frac{2\pi}{T} \int_{-\infty}^{\infty} X_a(j\theta) \sum_{k=-\infty}^{\infty} \delta(\Omega - k\Omega_s - \theta)\mathrm{d}\theta$$

$$= \frac{1}{T} \sum_{k=-\infty}^{\infty} \int_{-\infty}^{\infty} X_a(j\Omega)\delta(\Omega - k\Omega_s - \theta)\mathrm{d}\theta$$

$$= \frac{1}{T} \sum_{k=-\infty}^{\infty} X_a(j\Omega - jk\Omega_s) \qquad\qquad (1.4.4)$$

式（1.4.4）表明：采样信号的频谱，是原模拟信号的频谱沿频率轴每间隔采样角频率 Ω_s 重复出现一次，或者说采样信号的频谱是原模拟信号的频谱以 Ω_s 为周期进行周期性延拓而成的，如图 1.4.2 所示。

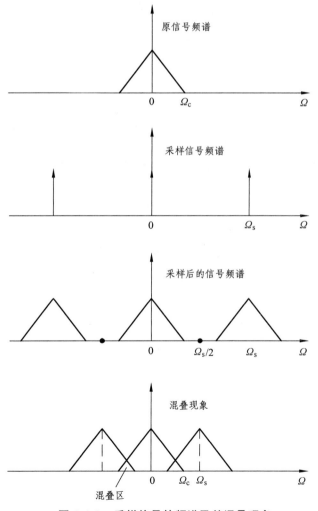

图 1.4.2　采样信号的频谱及其混叠现象

2. 采样信号恢复问题

从原则上来说，采样过程一般是不可逆的，也就是说从 $x(n)$ 一般不可能恢复原信号 $x_a(t)$。其原因是很多连续时间信号都可能产生相同的采样序列 $x(n)$，我们把这种现象称为采样过程的固有模糊度。因此我们需要对被采样信号和采样的频率做出一定限制，才有可能从采样后的信号不失真地恢复原模拟信号。

（1）被采样信号应是带限信号。根据连续时间信号的傅里叶变换理论，非周期连续时间信号的频谱一般为无限频谱，即信号频谱高频段为无限长。由式（1.4.4）可知，此时采样信号的频谱在周期延拓后必然会发生混叠失真。然而人们通过对信号的分析研究发现，非周期连续信号的高频段包含的能量远远低于低频段，将高频段滤去后并不影响原信号的特征判别，基本不会造成信号携载的信息丢失。因此，在采样前，可以通过低通滤波器将被采样信号的高频部分过滤掉，使其带限在 $-\Omega_c$ 到 Ω_c 区间内。图 1.4.1 中采样之前加预滤波的目的，就是利用保护性的低通滤波器，滤去高于 $f_c/2$ 的无用的高频分量和其他一些杂散信号。

（2）采样频率 f_s 不小于原模拟信号频率 f_c 的 2 倍，即 $f_s \geqslant 2f_c$。若 $f_s < 2f_c$，会造成采样信号的频谱混叠，再恢复原信号将产生失真。这一点可以概括为"原谱为形，采样为距，避免混叠"。实际的工程应用中，一般要保证 f_s 是 f_c 的 3~5 倍。

✎ 项目小结

（1）本项目的内容与绪论部分有着十分紧密的联系。对于时域离散信号也就是序列，必须有时域离散化的思想，这样才能将本项目介绍的典型序列和"信号与系统"课程中所讲的模拟信号加以联系和区别。

（2）除去周期序列外，本项目介绍了 6 种典型序列。在本书后续的项目中将不会再有新的典型序列出现。本书中出现的所有序列都是由这些典型序列变换得来的。典型序列是我们学习后面内容的基础和重要工具，对其波形、表达式、特性都要熟练掌握并能应用。

（3）在本书中，我们将系统视为一种运算关系。学习时域离散系统要掌握 4 种性质和 1 种运算：线性、时不变性、因果性、稳定性，卷积运算。限于篇幅，本书仅介绍了卷积运算的图解法和公式法，其实解析法才是卷积运算最普遍适用的解法。解析法是建立在对图解法充分理解的基础上，通过判断求和区间来求取卷积。有兴趣的读者可参见其他参考资料。

（4）差分方程也是描述系统的一种重要数学工具，本书只介绍其递推法求解。选取恰当的初始条件是简化求解过程的关键。

（5）关于采样定理，要求掌握相关的结论。

📖 项目实训

一、典型序列的产生与显示

通过本次实训，学习者可加深对时域离散信号概念的理解，在形象上取得进一步的认识。

由于本书并不是一本专门的 MATLAB 编程教材，因此大部分情况下直接给出程序，而不再进行解释说明，读者可自行参考有关资料。在此仅对个别典型指令予以分析。

【实训】单位脉冲序列 $\delta(n)$

MATELAB 程序：

```
n = -10:20;
u = [zeros(1,10) 1 zeros(1,20)];
stem(n,u);
xlabel('n'); ylabel('x(n)');
title('单位脉冲序列');
axis([-10 20 0 1.2]);
```

运行结果：

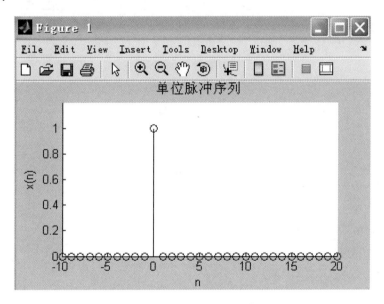

单位脉冲序列的显示

【实训】实指数序列 $a^n u(n)$

MATELAB 程序：

```
n = 0:35; a = 1.2; K = 0.2;
x = K*a.^n;
stem(n,x);
xlabel(' n'); ylabel('x(n)');
title('实指数序列')
```

运行结果：

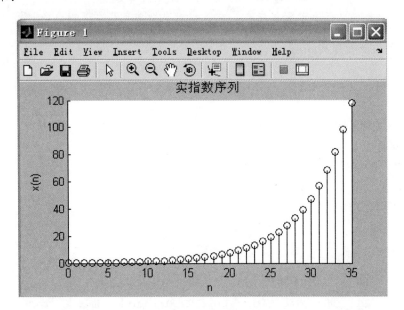

实指数序列的显示

【实训】正弦序列

MATELAB 程序：

```
n = 0:40;
f = 0.1;
phase = 0;
A = 1;
arg = 2*pi*f*n - phase;
x = A*sin(arg);
clf;
stem(n,x);
axis([0 40 -2 2]);
grid;
title('正弦序列');
xlabel('n');
ylabel('x(n)');
axis;
```

运行结果：

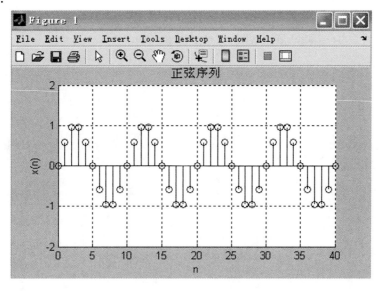

正弦序列的显示

二、利用 MATLAB 计算线性卷积

本项目介绍了人工进行卷积运算的三种方法。除此之外，还可以利用计算机调用 MATLAB 中的 conv 函数来实现两个有限长序列的卷积。conv 指令假定两序列都从 n=0 开始。对 conv 函数进行简单扩展，得到 conv.m，能够完成任意位置序列的卷积。

【实训】已知：

$x(n) = 5\delta(n) + 4\delta(n-1) + 3\delta(n-2) + 2\delta(n-3) + \delta(n-4)$

$h(n) = 3\delta(n) + 2\delta(n-1) + 3\delta(n-2) + 5\delta(n-3) + 4(n-4) + \delta(n-5)$

试求：

$y(n) = x(n) * h(n)$

MATELAB 程序：

```
N=5;
M=6;
L=N+M-1;
x=[5,4,3,2,1];
h=[3,2,3,5,4,1];
y=conv(x,h);
nx=0:N-1;
nh=0:M-1;
ny=0:L-1;
subplot(231);
stem(nx,x,'.k'); xlabel('n'); ylabel('x(n)'); grid on;
subplot(232);
```

```
stem(nh,h,'.k'); xlabel('n'); ylabel('h(n)'); grid on;
subplot(233);
stem(ny,y,'.k'); xlabel('n'); ylabel('y(n)'); grid on;
y
```

运行结果：

y =15 22 32 49 56 44 29 16 6 1

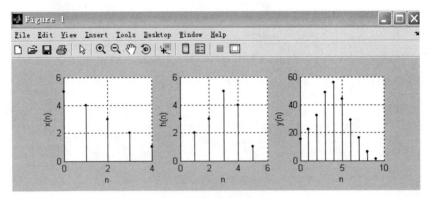

卷积运算结果的显示

三、利用 MATLAB 计算差分方程

本项目中只介绍了差分方程的递推解法。除此之外，还可以利用计算机调用 MATLAB 中的 filter 函数来实现差分方程求解。

【实训】已知系统的差分方程为 $y(n) = ay(n-1) + \delta(n)$ ，初始条件 $y(-1) = 0$ ，试求出系统在 $n \geqslant 0$ 时的输出。

MATELAB 程序：

```
a=4/5; ys=0;
xn=[1,zeros(1,30)];
B=1; A=[1,-a];
xi=filtic(B,A,ys);
yn=filter(B,A,xn,xi);
n=0:length(yn)-1;
subplot(3,2,1); stem(n,yn,'.')
title('(a)'); xlabel('n'); ylabel('y(n)')
a=4/5; ys=0;
xn=[1,zeros(1,30)];
B=1; A=[1,-a];
xi=filtic(B,A,ys);
yn=filter(B,A,xn,xi);
n=0:length(yn)-1;
subplot(3,2,2); stem(n,yn,'.'); axis([0,30,0,2])
title('(b) '); xlabel('n'); ylabel('h(n)')
```

运行结果：

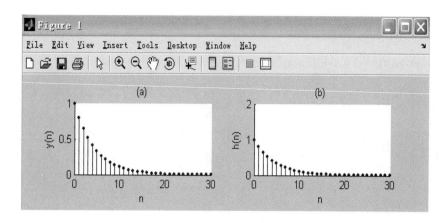

差分方程运算结果的显示

✎ 习　题

1.1　给出一个信号：

$$x(n)\begin{cases}2n+1, & -3 \leqslant n \leqslant -1 \\ 3, & 0 \leqslant n \leqslant 3 \\ 0, & \text{其他}\end{cases}$$

（1）画出 $x(n)$ 序列的波形，标上各序列的值；

（2）试用延迟的单位脉冲序列及其加权和表示 $x(n)$ 序列；

（3）令 $x_1(n)=2x(n)$，试画出 $x(n)$ 的波形；

（4）令 $x_2(n)=2x(n+1)$，试画出 $x(n)$ 的波形；

（5）令 $x_3(n)=2x(1-n)$，试画出 $x(n)$ 的波形。

1.2　判断下面的序列是否是周期序列，若是周期序列，请判断其周期。

（1）$x(n)=A\cos\left(\dfrac{3}{7}\pi n-\dfrac{\pi}{8}\right)$

（2）$x(n)=\mathrm{e}^{\mathrm{j}\left(\frac{n}{6}-\pi\right)}$

1.3　对于图 1.1.9 所示序列：

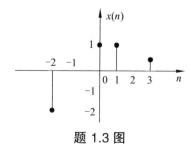

题 1.3 图

（1）请画出 $x\left(\dfrac{1}{2}n\right)$ 的波形；

（2）请画出 $x(-2n)$ 的波形；

（3）请画出 $x_e(n)=\dfrac{1}{2}[x(n)+x(-n)]$，并画出其波形；

（4）请画出 $x_o(n)=\dfrac{1}{2}[x(n)-x(-n)]$，并画出其波形；

（5）令 $x_1(n)=x_e(n)+x_o(n)$，比较 $x_1(n)$ 与 $x(n)$，看看能得到什么结论？

1.4 设系统可分别用下面的差分方程描述，$x(n)$ 表示系统的输入序列，$y(n)$ 表示系统的输出序列，判断系统是否是线性时不变系统。

（1）$y(n)=5x(n)+3$

（2）$y(n)=x(n)+3x(n+2)+5x(n-1)$

（3）$y(n)=x(-n)$

（4）$y(n)=x(n)\sin\left(\dfrac{2\pi}{3}n+\dfrac{\pi}{6}\right)$

（5）$y(n)=g(n)x(n)$

（6）$y(n)=x(n^2)$

（7）$y(n)=x^2(n)$

（8）$y(n)=\displaystyle\sum_{m=0}^{n}x(n)$

1.5 讨论下列时不变系统的因果性和稳定性：

（1）$h(n)=2^n u(-n)$

（2）$h(n)=a^n u(n)$

（3）$h(n)=-a^n u(-n-1)$

（4）$h(n)=2^n R_4(n)$

（5）$h(n)=\delta(n-n_0)$，$n_0>0$

1.6 设线性时不变系统的单位脉冲响应 $h(n)=2R_4(n)$，输入 $x(n)=\delta(n)-\delta(n-3)$，试画出输出 $y(n)$ 的波形。

1.7 已知一个线性时不变系统的单位脉冲响应为

$$h(n)=-a^n u(-n),\ 0<a<1$$

试用直接计算卷积的方法，求系统的单位阶跃响应。

1.8 设一因果系统的输入、输出关系由下列差分方程决定：

$$y(n)-\dfrac{1}{2}y(n-1)=x(n)+\dfrac{1}{2}x(n-1)$$

（1）求该系统的单位脉冲响应；

（2）利用（1）的结果，计算当 $x(n)=e^{j\omega n}$ 时系统的响应。

1.9 设系统差分方程为

$$y(n)-ay(n-1)=x(n)$$

$x(n)$ 与 $y(n)$ 分别为输入、输出序列，当边界条件为 $y(0)=0$、$y(-1)=0$ 时，试判断系统是否为线性系统，以及是否为时不变系统。

1.10 有一连续信号 $x_a(t)=\cos(2\pi ft+\varphi)$，其中，$f=20\text{ Hz}$，$\varphi=\pi/2$。

（1）求 $x_a(t)$ 的周期；

（2）对 $x_a(t)$ 进行采样，采样间隔为 $T=0.02\text{ s}$，试写出采样信号 $\hat{x}_a(t)$ 的表达式；

（3）画出对应 $\hat{x}_a(t)$ 的时域离散信号 $x(n)$ 的波形，并求出 $x(n)$ 的周期。

1.11 什么叫作"线性系统"？什么叫作"数字信号"？

1.12 什么叫作"序列的乘法"？采样频率如何选取？

1.13 已知 $x(n)$ 是以 N 为周期的序列，$h(n)$ 也是以 N 为周期。证明：$y(n)$ 也是以 N 为周期的序列。

项目二　序列的傅里叶变换

项目要点：

① 傅里叶变换的公式分析与求解；

② 傅里叶变换的主要性质。

子项目一　信号的频域分析

对信号和系统的分析研究，可以在时间域进行，也可以在频率域进行。在工程实践中，更多的是使用频域分析方法。如在螺旋桨设计中，可以通过频域的频谱分析确定螺旋桨固有频率和临界转速，确定转速工作范围；在齿轮箱故障诊断中，可以通过齿轮箱震动信号频域分析，确定最大频率分量，然后根据机床转速和传动链查出故障齿轮。

在项目一中主要介绍了时域分析方法。时域中序列 $x(n)$ 是序数 n 的函数，横坐标 n 是时间参量。在频域中，以频率 ω 作为变量进行分析，把信号的幅度随频率变化而变化的函数关系，称为幅频特性，也称频谱；把信号的相位随频率变化而变化的函数关系，称为相频特性。

信号的频域分析需要两个数学工具：傅里叶变换和 z 变换。傅里叶变换可以将信号从时域转换到频域，z 变换可将信号从时域转到复频域。

子项目二　序列傅里叶变换的公式分析

傅里叶变换简称傅氏变换，用于实现信号的时频转换，用缩写字母 FT 表示。时域离散信号的傅里叶变换是不同于模拟信号傅里叶变换的。此处所讲的傅里叶变换，实际上特指离散时间信号的傅里叶变换（DTFT），读者要注意将其与后续项目的离散傅里叶变换（DFT）区分开。为了简便起见，离散时间的傅里叶变换在此仍用 FT 表示。序列 $x(n)$ 的傅里叶变换表达式如式（2.2.1）所示。

$$X(\mathrm{e}^{\mathrm{j}\omega}) = \sum_{n=-\infty}^{\infty} x(n)\mathrm{e}^{-\mathrm{j}\omega n} \tag{2.2.1}$$

傅里叶变换成立有一个充分必要条件，如式（2.2.2）所示。在工程数学中又称其为狄利克莱条件。

$$\sum_{n=-\infty}^{\infty}|x(n)| < \infty \qquad (2.2.2)$$

该式说明，只有当序列满足绝对可和或者序列能量有限的条件，其傅里叶变换才存在。

如果已知频域信号，欲将其转换到时域，需要用到傅里叶反变换，如式（2.2.3）所示。在此仅在 $-\pi\sim\pi$ 内对 ω 取积分，是因为傅里叶变换的周期性，这点将在下一节介绍。

$$x(n)=\frac{1}{2\pi}\int_{-\pi}^{\pi}X(\mathrm{e}^{\mathrm{j}\omega})\mathrm{e}^{\mathrm{j}\omega n}\mathrm{d}\omega \qquad (2.2.3)$$

【例 2.2.1】　已知序列 $x(n)=R_4(n)$ ，试求其傅里叶变换。

解：
$$\mathrm{FT}[x(n)]=X(\mathrm{e}^{\mathrm{j}\omega})=\sum_{n=-\infty}^{\infty}R_4(n)\mathrm{e}^{-\mathrm{j}\omega n}=\sum_{n=0}^{3}\mathrm{e}^{-\mathrm{j}\omega n}$$

$$=\frac{1-\mathrm{e}^{-4\mathrm{j}\omega}}{1-\mathrm{e}^{-\mathrm{j}\omega}}=\frac{\mathrm{e}^{-2\mathrm{j}\omega}(\mathrm{e}^{2\mathrm{j}\omega}-\mathrm{e}^{-2\mathrm{j}\omega})}{\mathrm{e}^{-\mathrm{j}\omega/2}(\mathrm{e}^{\mathrm{j}\omega/2}-\mathrm{e}^{-\mathrm{j}\omega/2})}$$

利用欧拉公式可得

$$X(\mathrm{e}^{\mathrm{j}\omega})=\mathrm{e}^{-3/2\mathrm{j}\omega}\frac{\sin 2\omega}{\sin \omega/2}$$

其幅频特性和相频特性如图 2.2.1 所示。

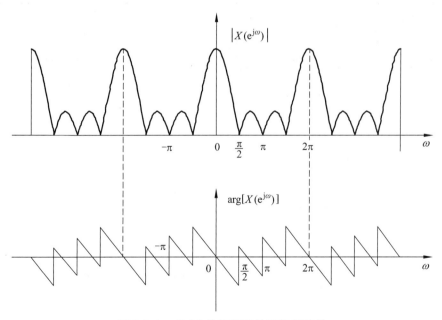

图 2.2.1　$R_4(n)$ 的幅频特性和相频特性

【例 2.2.2】　已知序列 $x(n)=a^{n-1}u(n-1)$ ， $0<a<1$ ，试求其傅里叶变换。

解：
$$X(\mathrm{e}^{\mathrm{j}\omega}) = \sum_{n=-\infty}^{\infty} a^{n-1}u(n-1)\mathrm{e}^{-\mathrm{j}\omega n} = a^{-1}\sum_{n=1}^{\infty} a^n\mathrm{e}^{-\mathrm{j}\omega n} = \frac{\mathrm{e}^{-\mathrm{j}\omega}}{1-a\mathrm{e}^{-\mathrm{j}\omega}}$$

对于周期序列，由于其不满足式（2.2.2），因此不存在傅里叶变换。但是由于其是周期性的，因此可展开成离散傅里叶级数（DFS）的形式，引入奇异函数 δ，其傅里叶变换仍可用公式表示。

设 $\tilde{x}(n)$ 是以 N 为周期的周期序列，则其离散傅里叶级数表示为 $\tilde{X}(k)$，如式（2.2.4）所示。其中 $\tilde{X}(k)$ 也是以 N 为周期的周期序列。$\tilde{x}(n)$ 的傅里叶变换可以用离散傅里叶级数 $\tilde{X}(k)$ 和单位冲激函数 $\delta(\omega)$ 加以表示，如式（2.2.5）所示。其中要注意将单位冲激函数 $\delta(\omega)$ 和单位脉冲序列 $\delta(n)$ 加以区别。

$$\tilde{X}(k) = \sum_{n=0}^{N-1} \tilde{x}(n)\mathrm{e}^{-\mathrm{j}\frac{2\pi}{N}kn} \qquad (2.2.4)$$

$$X(\mathrm{e}^{\mathrm{j}\omega}) = \frac{2\pi}{N}\sum_{k=-\infty}^{\infty} \tilde{X}(k)\delta\left(\omega - \frac{2\pi}{N}k\right) \qquad (2.2.5)$$

常见序列的傅里叶变换如表 2.2.1 所示。

表 2.2.1　常见序列的傅里叶变换

序　列	傅里叶变换
$\delta(n)$	1
$a^n u(n)$，$|a| < 1$	$(1-a\mathrm{e}^{-\mathrm{j}\omega})^{-1}$
$R_N(n)$	$\mathrm{e}^{-\mathrm{j}(N-1)\omega/2}\dfrac{\sin(\omega N/2)}{\sin(\omega/2)}$
$\mathrm{e}^{\mathrm{j}\omega_0 n}$，$2\pi/\omega_0$ 是有理数	$2\pi\displaystyle\sum_{l=-\infty}^{\infty}\delta(\omega-\omega_0-2\pi l)$
$\sin\omega_0 n$，$2\pi/\omega_0$ 是有理数	$-\mathrm{j}\pi\displaystyle\sum_{l=-\infty}^{\infty}[\delta(\omega-\omega_0-2\pi l)-\delta(\omega+\omega_0-2\pi l)]$
$\cos\omega_0 n$，$2\pi/\omega_0$ 是有理数	$\pi\displaystyle\sum_{l=-\infty}^{\infty}[\delta(\omega-\omega_0-2\pi l)+\delta(\omega+\omega_0-2\pi l)]$

子项目三　序列傅里叶变换的性质

掌握序列傅里叶变换的性质，对于深入了解序列及其序列傅里叶变换的物理概念、简化运算过程非常有效。

一、周期性

根据项目一中的结论，当 M 取整时，$e^{j(\omega+2\pi M)n} = e^{j\omega n}$，因此傅里叶变换具有周期性，如式（2.3.1）所示。

$$X(e^{j\omega}) = X(e^{j(\omega+2\pi M)}) = \sum_{n=-\infty}^{\infty} x(n)e^{-j(\omega+2\pi M)n}，M \text{ 为整数} \qquad （2.3.1）$$

由此可知，序列的傅里叶变换以 2π 为周期。因此，对信号进行频域分析，只选取一个周期即可。一般取 $0 \sim 2\pi$ 或 $-\pi \sim \pi$ 进行分析。

对于时域离散信号，$\omega = 0$ 处表示的是信号的直流分量。由于傅里叶变换的周期性，所有 2π 的整数倍处都表示信号的直流分量。那么离开这些点越远，则频率应越高，最高频率应在 π 的整数倍处。因此，信号的直流和低频分量集中在 π 的偶数倍处，信号的高频分量集中在 π 的奇数倍处，信号在 π 的奇数倍处变化最快。

二、线　性

根据项目一中的介绍，线性系统满足：线性组合的变换=变换的线性组合。推而广之，对于傅里叶变换的线性，即为线性组合的傅里叶变换=傅里叶变换的线性组合，如式（2.3.2）所示。

设 $X_1(e^{j\omega})$、$X_2(e^{j\omega})$ 分别是 $x_1(n)$、$x_2(n)$ 的傅里叶变换，即 $X_1(e^{j\omega}) = FT[x_1(n)]$，$X_2(e^{j\omega}) = FT[x_2(n)]$，$a$、$b$ 皆为常数，则

$$FT[ax_1(n)+bx_2(n)] = FT[ax_1(n)]+FT[bx_2(n)] = a X_1(e^{j\omega})+b X_2(e^{j\omega}) \qquad （2.3.2）$$

三、移位特性

移位是基本的序列运算。傅里叶变换的移位特性包括时域移位特性和频域移位特性。

1. 时域移位特性

序列在时域的时移经傅里叶变换后转换为频域的频移，如式（2.3.3）所示。

$$FT[x(n-n_0)] = e^{-j\omega n_0} X(e^{j\omega}) \qquad （2.3.3）$$

证明：

$$FT[x(n-n_0)] = \sum_{n=-\infty}^{\infty} x(n-n_0)e^{-j\omega n}$$

设 $n'=n-n_0$，则 $n=n'+n_0$，所以

$$FT[x(n-n_0)] = \sum_{n'+n_0=-\infty}^{\infty} x(n')e^{-j\omega(n'+n_0)} = [\sum_{n'=-\infty}^{\infty} x(n')e^{-j\omega n'}]e^{-j\omega n_0} = e^{-j\omega n_0} X(e^{j\omega})$$

2. 频域移位特性

序列在时域的频移经傅里叶变换后转换为频域的相移，如式（2.3.4）所示。

$$FT[e^{j\omega_0 n}x(n)] = X(e^{j\omega-\omega_0}) \tag{2.3.4}$$

证明：

$$FT[e^{j\omega_0 n}x(n)] = \sum_{n=-\infty}^{\infty} e^{j\omega_0 n}x(n)e^{-j\omega n} = \sum_{n=-\infty}^{\infty} x(n)e^{-j(\omega-\omega_0)n} = X(e^{j(\omega-\omega_0)})$$

四、对称性

1. 共　轭

在复平面上，关于实轴对称的两个点互为共轭。显然，实数的共轭等于自身。本书中用"*"表示取共轭。

2. 共轭对称性

若序列 $x(n)$ 具有共轭对称性，则表示为 $x_e(n)$。共轭对称序列的特性如式（2.3.5）所示。

$$x_e(n) = x_e^*(-n) \tag{2.3.5}$$

为便于进一步研究，将 $x_e(n)$ 和 $x_e^*(-n)$ 分别写成实部加虚部的形式，如式（2.3.6）、式（2.3.7）所示。

$$x_e(n)=x_{er}(n)+jx_{ei}(n) \tag{2.3.6}$$

$$x_e^*(-n) = x_{er}(-n) - jx_{ei}(-n) \tag{2.3.7}$$

根据式（2.3.5），将式（2.3.6）和式（2.3.7）进行对照比较可知，共轭对称序列必然满足：实部是偶函数，虚部是奇函数。

3. 共轭反对称性

若序列 $x(n)$ 具有共轭反对称性，则表示为 $x_o(n)$。共轭反对称序列的特性如式（2.3.8）所示。

$$x_o(n) = -x_o^*(-n) \tag{2.3.8}$$

按照共轭对称序列的分析方法将共轭反对称序列写成实部加虚部的形式，如式（2.3.9）、式（2.3.10）所示。

$$x_o(n)=x_{or}(n)+jx_{oi}(n) \tag{2.3.9}$$

$$-x_o^*(-n) = -x_{or}(-n) + jx_{oi}(-n) \tag{2.3.10}$$

根据式（2.3.8），将式（2.3.9）和式（2.3.10）进行对照比较可知，共轭反对称序列必然满足：实部是奇函数，虚部是偶函数。

综上可知：所谓共轭对称性，实际上就是"实偶虚奇"性；所谓共轭反对称性，实际上就是"实奇虚偶"性，详见表 2.3.1。

表 2.3.1 共轭对称性与共轭反对称性

对称性	实部	虚部
共轭对称性	偶函数	奇函数
共轭反对称性	奇函数	偶函数

由表 2.3.1 可知，序列有三组性质：实、虚性，奇、偶性，共轭对称、共轭反对称性。只要知道其中的两组，则第三组性质可知，且互为充要条件。例如，共轭对称序列的虚部一定是奇函数，一个纯虚序列的偶函数部分一定具有共轭对称性等。特别是对于纯实序列来说，其共轭对称部分和共轭反对称部分，同时也就是其偶函数部分和奇函数部分。项目一中介绍的大部分典型序列都符合这一特性。

【例 2.3.1】 设 $x(n)$ 是实、偶函数，证明其傅里叶变换 $X(e^{j\omega})$ 是实、偶函数。

证明：

根据式（2.2.1）

$$X(e^{j\omega}) = \sum_{n=-\infty}^{\infty} x(n)e^{-j\omega n}$$

按照欧拉公式展开得

$$X(e^{j\omega}) = \sum_{n=-\infty}^{\infty} x(n)\cos(-\omega n) + j\sum_{n=-\infty}^{\infty} x(n)\sin(-\omega n)$$

$$= \sum_{n=-\infty}^{\infty} x(n)\cos\omega n - j\sum_{n=-\infty}^{\infty} x(n)\sin\omega n$$

由于 $\sin\omega n$ 是 n 的奇函数，因此

$$\sum_{n=-\infty}^{\infty} x(n)\sin\omega n = 0, \quad X(e^{j\omega}) = \sum_{n=-\infty}^{\infty} x(n)\cos\omega n$$

所以 $X(e^{j\omega})$ 是实函数。

$$X^*(e^{-j\omega}) = \sum_{n=-\infty}^{\infty} x(n)\cos\omega(-n) = \sum_{n=-\infty}^{\infty} x(n)\cos\omega n$$

所以，$X(e^{j\omega}) = X^*(e^{-j\omega})$，即 $X(e^{j\omega})$ 具有共轭对称性。

由表 2.3.1 可知，具有共轭对称性的实函数都是偶函数。因此，$X(e^{j\omega})$ 是实、偶函数。

同理可证明，当 $x(n)$ 是实、奇函数时，其傅里叶变换 $X(e^{j\omega})$ 是纯虚数，且是 ω 的奇函数。

4. 傅里叶变换的对称性

（1）若将序列分成实部和虚部，对其进行傅里叶变换，则其实部对应变换的共轭对称部

分，其虚部乘以 j 后对应变换的共轭反对称部分。

（2）若将序列分成共轭对称部分和共轭反对称部分，对其进行傅里叶变换，则其共轭对称部分对应变换的实部，其共轭反对称部分对应变换的虚部乘以 j。

5. 共轭对称部分与共轭反对称部分的求取

利用傅里叶变换的对称性分析信号与系统，需要将序列分为共轭对称部分与共轭反对称部分。已知序列 $x(n)$，求其共轭对称部分与共轭反对称部分的计算公式如式（2.3.11）和式（2.3.12）所示。

$$x_e(n)=\frac{1}{2}\left[x(n)+x^*(-n)\right] \qquad\qquad (2.3.11)$$

$$x_o(n)=\frac{1}{2}\left[x(n)-x^*(-n)\right] \qquad\qquad (2.3.12)$$

式（2.3.11）和式（2.3.12）对于所有序列皆可使用，是一组通式。除此之外，还有一组特式，只能用于实因果序列，如式（2.3.13）和式（2.3.14）所示。式中的 $h(n)$ 为实因果序列。

$$\begin{cases} h(n), & n=0 \\ h_e(n)=\frac{1}{2}h(n), & n>0 \\ \frac{1}{2}h(-n) & n<0 \end{cases} \qquad\qquad (2.3.13)$$

$$\begin{cases} 0, & n=0 \\ h_o(n)=\frac{1}{2}h(n), & r>0 \\ -\frac{1}{2}h(-n) & n<0 \end{cases} \qquad\qquad (2.3.14)$$

根据表 2.3.1 可知，$h_e(n)$ 是偶函数，$h_o(n)$ 是奇函数。实因果序列可以由其偶函数序列恢复，但不能仅由其奇函数序列恢复。因为式（2.3.14）中缺少 $n=0$ 点的 $h(n)$ 的信息，因此由 $h_o(n)$ 反向推导原序列 $h(n)$ 时要补充零点的信息。

【例 2.3.2】　设 $x(n)=R_4(n)$，试求其偶函数 $x_e(n)$ 和奇函数 $x_o(n)$。

解： 由于 $R_4(n)$ 是实序列，因此根据前面的结论，求其偶函数和奇函数就转化成为求其共轭对称部分和共轭反对称部分的问题。

代入式（2.3.11）和式（2.3.12）得

$$x_e(n)=\frac{1}{2}\left[R_4(n)+R_4^*(-n)\right]=\frac{1}{2}\left[R_4(n)+R_4(-n)\right]$$

$$x_o(n)=\frac{1}{2}\left[R_4(n)-R_4^*(-n)\right]=\frac{1}{2}\left[R_4(n)-R_4(-n)\right]$$

或者利用特式求解也可，代入（2.3.13）和式（2.3.14）得

$$
x_e(n) = \begin{cases} R_4(n), & n = 0 \\ \dfrac{1}{2}R_4(n), & n > 0 \\ \dfrac{1}{2}R_4(-n), & n > 0 \end{cases}
$$

$$
x_o(n) = \begin{cases} 0, & n = 0 \\ \dfrac{1}{2}R_4(n), & n > 0 \\ -\dfrac{1}{2}R_4(-n), & n > 0 \end{cases}
$$

其偶函数 $x_e(n)$ 和奇函数 $x_o(n)$ 的波形如图 2.3.1 所示。

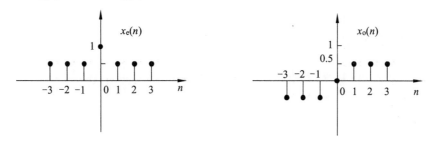

图 2.3.1 $R_4(n)$ 的共轭对称和共轭反对称部分

五、时频卷积定理

1. 时域卷积定理

两序列在时域取卷积，经傅里叶变换转换到频域变为乘积关系。

设 $y(n)=x(n) * h(n)$

则 $Y(e^{j\omega}) = X(e^{j\omega}) \, H(e^{j\omega})$

利用这一性质，我们可以很方便地把时域内的卷积运算 $y(n)=x(n) * h(n)$ 简化成频域内的相乘运算，即 $Y(e^{j\omega}) = X(e^{j\omega}) \, H(e^{j\omega})$，然后再利用其他技术手段（例如后面将要讲到的快速傅里叶变换），完成线性卷积的快速计算。

2. 频域卷积定理

两序列在时域取乘积，经傅里叶变换转换到频域变为卷积关系。由于傅里叶变换的周期性，转换后取一个周期之内的卷积。

设 $\qquad y(n) = x(n) \cdot h(n)$

则 $\qquad Y(e^{j\omega}) = \dfrac{1}{2\pi} X(e^{j\omega}) * H(e^{j\omega})$

【例 2.3.3】 已知 $x(n)$、$y(n)$ 的傅里叶变换分别为 $X(e^{j\omega})$、$Y(e^{j\omega})$，试求以下序列的傅里叶变换：

（1）$x(n) \cdot y(n)$

（2）$x(n) * y(n)$

（3）$x^2(n)$

解： 根据时频卷积定理可知：

（1）$FT[x(n) \cdot y(n)] = \dfrac{1}{2\pi} X(e^{j\omega}) * Y(e^{j\omega})$

（2）$FT[x(n) * y(n)] = X(e^{j\omega}) \cdot Y(e^{j\omega})$

（3）$FT[x^2(n)] = \dfrac{1}{2\pi} X(e^{j\omega}) * X(e^{j\omega})$

六、帕斯瓦尔定理

帕斯瓦尔定理又称能量守恒定理，它说明了信号在时域的总能量等于在频域的总能量，如式（2.3.15）所示。

$$\sum_{n=-\infty}^{\infty} |x(n)|^2 = \frac{1}{2\pi} \int_{-\pi}^{\pi} \left| X(e^{j\omega}) \right|^2 d\omega \qquad (2.3.15)$$

七、傅里叶变换特殊运算公式

傅里叶变换除了具有上述几大特性以外，还有其他一些有用的特性，在此以公式的形式列举出来，读者可自行证明。

1. 共轭运算特性

$$x^*(n) \xrightarrow{\ FT\ } X^*(e^{-j\omega})$$

2. 翻转特性

$$x(-n) \xrightarrow{\ FT\ } X(e^{-j\omega})$$

3. 乘积特性

$$nx(n) \xrightarrow{\ FT\ } j[dX(e^{j\omega})/d\omega]$$

最后，表 2.3.2 归纳了部分序列傅里叶变换的性质，这些性质在分析问题和实际应用中都很重要。

表 2.3.2 部分序列傅里叶变换的性质

序　列	傅里叶变换
$x(n)$	$X(\mathrm{e}^{\mathrm{j}\omega})$
$y(n)$	$Y(\mathrm{e}^{\mathrm{j}\omega})$
$ax(n)+by(n)$	$aX(\mathrm{e}^{\mathrm{j}\omega})+bY(\mathrm{e}^{\mathrm{j}\omega})$
$x(n-n_0)$	$\mathrm{e}^{-\mathrm{j}\omega n_0}X(\mathrm{e}^{\mathrm{j}\omega})$
$\mathrm{e}^{\mathrm{j}\omega n_0}x(n)$	$X(\mathrm{e}^{\mathrm{j}(\omega-\omega_0)})$
$x^*(n)$	$X^*(\mathrm{e}^{-\mathrm{j}\omega})$
$x(-n)$	$X(\mathrm{e}^{-\mathrm{j}\omega})$
$x(n)*y(n)$	$X(\mathrm{e}^{\mathrm{j}\omega})\cdot Y(\mathrm{e}^{\mathrm{j}\omega})$
$x(n)\cdot y(n)$	$\dfrac{1}{2\pi}X(\mathrm{e}^{\mathrm{j}\omega})*Y(\mathrm{e}^{\mathrm{j}\omega})$
$\mathrm{Re}[x(n)]$	$X_{\mathrm{e}}(\mathrm{e}^{\mathrm{j}\omega})$
$\mathrm{jIm}[x(n)]$	$X_{\mathrm{o}}(\mathrm{e}^{\mathrm{j}\omega})$
$x_{\mathrm{e}}(n)$	$\mathrm{Re}[X(\mathrm{e}^{\mathrm{j}\omega})]$
$x_{\mathrm{o}}(n)$	$\mathrm{jIm}[X(\mathrm{e}^{\mathrm{j}\omega})]$
$\displaystyle\sum_{n=-\infty}^{\infty}\left|x(n)\right|^2$	$\dfrac{1}{2\pi}\displaystyle\int_{-\pi}^{\pi}\left|X(\mathrm{e}^{\mathrm{j}\omega})\right|^2\mathrm{d}\omega$

✎ 项目小结

（1）从本项目开始，必须要建立频域分析的思想。时域与频域之间有着许多有趣的相互联系、相互影响的对偶现象。时频转化的最简单的数学工具就是序列的傅里叶变换。

序列的傅里叶变换是本书一个基础性的数学工具，其公式分析、成立条件、求解的思想和方法等，基本上和后面几个项目一脉相承。

（2）$\mathrm{e}^{\mathrm{j}\omega}$ 本身作为一个复数，有幅度和相位两个变化参量，与之对应的是序列的幅频特性和相频特性。这两个特性是对信号的特性的直观反映，也是今后进行信号分析和处理的重要工具。在本书中更偏重于研究幅频特性，即频谱。

（3）傅里叶变换的许多性质在今后的运算中可以作为结论直接加以应用。

📖 项目实训

一、序列傅里叶变换的计算与显示

计算序列 $x(n)$ 的傅里叶变换，实际上是用序列的离散傅里叶变换（即离散傅里叶变换，将在项目四中介绍）对其进行逼近处理。

【实训】 已知 $x(n)=a^nu(n)$，$a=0.5$，试求其傅里叶变换 $X(\mathrm{e}^{\mathrm{j}\omega})$。

MATELAB 程序：

```
N=128;
a=0.5;
for n=1:N
    x(n)=a^(n-1);
end
X=fft(x);

Xa=abs(X);
Xp=angle(X);
Xp=unwrap(Xp);
w=-0.5+1/N:1/N:0.5;
subplot(221)
plot(w,fftshift(Xa)); grid on;
subplot(222)
plot(w,fftshift(Xp)); grid on;
```

程序段中"end"以上的内容用于产生一个实指数序列，"end"以下的内容实质上是对序列的傅里叶变换所进行的离散傅里叶变换逼近。本例中将 a 的值改得越大，则其幅频特性曲线就越尖锐。

运行结果：

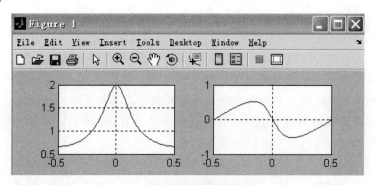

a=0.5 时的特性曲线

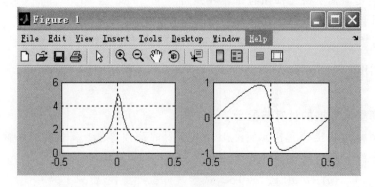

a=0.8 时的特性曲线

二、序列傅里叶变换的性质

序列傅里叶变换的性质大多可以用 MATLAB 进行验证。因为计算机只能处理有限长的数据，所以在此进行验证的序列均为有限长序列。

【实训】验证式（2.3.3）所示的时域移位特性。

MATELAB 程序：

```
w = -pi:2*pi/255:pi；wo = 0.4*pi；D = 10；
num = [1 2 3 4 5 6 7 8 9];
h1 = freqz(num,1,w);
h2 = freqz([zeros(1,D) num],1,w);
subplot(2,2,1)
plot(w/pi,abs(h1))；grid
title('原序列幅频特性')
subplot(2,2,2)
plot(w/pi,abs(h2))；grid
title('时移后的幅频特性')
subplot(2,2,3)
plot(w/pi,angle(h1))；grid
title('原序列相频特性')
subplot(2,2,4)
plot(w/pi,angle(h2))；grid
title('时移后的相频特性')
```

运行结果：

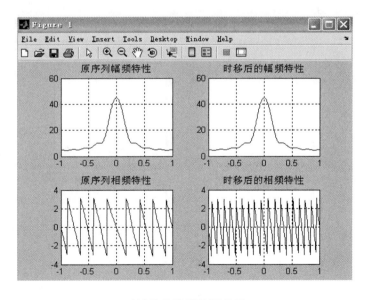

时域移位特性验证结果

【实训】 验证式（2.3.4）所示的频域移位特性。

MATELAB 程序：

```
w = -pi:2*pi/255:pi;    wo = 0.4*pi;
num1 = [1 3 5 7 9 11 13 15 17];
L = length（num1）;
h1 = freqz（num1, 1, w）;
n = 0:L-1;
num2 = exp（wo*i*n）.*num1;
h2 = freqz（num2, 1, w）;
subplot（2,2,1）
plot（w/pi,abs（h1））; grid
title（'原序列幅频特性'）
subplot（2,2,2）
plot（w/pi,abs（h2））; grid
title（'频移后的幅频特性'）
subplot（2,2,3）
plot（w/pi,angle（h1））; grid
title（'原序列相频特性'）
subplot（2,2,4）
plot（w/pi,angle（h2））; grid
title（'频移后的相频特性'）
```

运行结果：

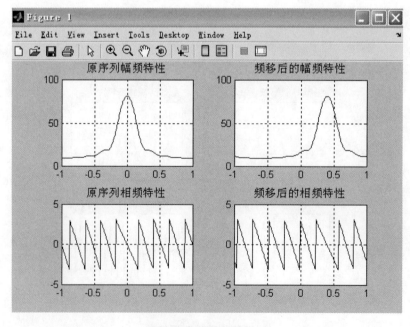

频域移位特性验证结果

【实训】　验证序列傅里叶变换的时域卷积定理。

在此仅对幅频特性加以验证。

MATELAB 程序：

```
w = -pi:2*pi/255:pi；
x1 = [1 3 5 7 9 11 13 15 17]；
x2 = [1 -2 3 -2 1]；
y = conv（x1,x2）；
h1 = freqz（x1, 1, w）；
h2 = freqz（x2, 1, w）；
hp = h1.*h2；
h3 = freqz（y,1,w）；
subplot（2,2,1）
plot（w/pi,abs（hp））；grid
title（'傅里叶变换的乘积'）
subplot（2,2,2）
plot（w/pi,abs（h3））；grid
title（'卷积之后的傅里叶变换'）
```

运行结果：

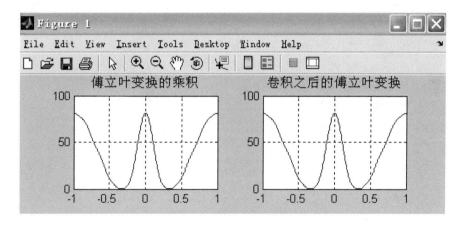

时域卷积定理验证结果

✎ 习　题

1．设 $X(e^{j\omega})$ 与 $Y(e^{j\omega})$ 分别为 $x(n)$ 与 $y(n)$ 的傅里叶变换，试求下列序列的傅里叶变换：

（1）$x(n-n_0)$

（2）$x(2n)$

（3）$x(-n)$

（4）$nx(n)$

2. 试求下列序列的傅里叶变换：

（1）$\delta(n-3)$

（2）$2\delta(n+1)+\delta(n-n_0)+3\delta(n-1)$

（3）$a^n u(n)$，$0<a<1$

（4）$e^{-an}(n)$

（5）$e^{-an}(n)\cos(\omega_0 n)$

（6）$u(n+3)-u(n-4)$

3. 已知周期序列 $x(n)=\cos(\omega_0 n)$，$2\pi/\omega_0$ 为有理数，试求 $x(n)$ 的傅里叶变换。

4. 线性时不变系统的频率响应（传输函数）$H(e^{j\omega})=|H(e^{j\omega})|e^{j\theta(\omega)}$，如果单位脉冲响应 $h(n)$ 为实序列，试证明输入 $x(n)=A\cos(\omega_0 n+\varphi)$ 的稳态响应为

$$y(n)=A|H(e^{j\omega})|\cos[\omega_0 n+\varphi+\theta(\omega_0)]$$

5. 已知 $x(n)=a^n u(n)$，$0<a<1$，分别求出：

（1）其偶函数 $x_e(n)$ 和奇函数 $x_o(n)$；

（2）$x_e(n)$ 和 $x_o(n)$ 的傅里叶变换。

6. 设系统的单位脉冲响应为 $h(n)=a^n u(n)$，$0<a<1$，输入序列为

$$X(n)=\delta(n)+2\delta(n-1)$$

（1）求出系统的输出序列 $y(n)$；

（2）分别求出 $x(n)$，$y(n)$ 及 $h(n)$ 的傅里叶变换。

7. 已知 $x_a(t)=2\cos(2\pi f_0 t)$，式中 $f_0=100\ \text{Hz}$，以采样频率 $f_s=400\ \text{Hz}$ 对 $x_a(t)$ 进行采样，得到采样信号 $\hat{x}_a(t)$ 和时域离散信号 $x(n)$，试完成：

（1）写出 $x_a(t)$ 的傅里叶变换；

（2）写出 $\hat{x}_a(t)$ 和 $x(n)$ 的表达式；

（3）求出 $x(n)$ 的傅里叶变换。

项目三　序列的 z 变换

项目要点：

① z 变换的公式分析与求解；

② z 变换的主要性质；

③ z 变换的收敛域问题；

④ 逆 z 变换的求解；

⑤ z 变换的主要应用。

子项目一　信号的复频域分析

对于模拟信号与系统，一般利用傅里叶变换进行频域分析，而拉普拉斯变换作为傅里叶变换的推广，用于对信号进行复频域分析；对于时域离散信号与系统，用项目二中介绍的序列的傅里叶变换进行频域分析，而 z 变换作为其推广，用于对序列进行复频域分析。这里之所以引入序列的 z 变换，原因有二：其一是傅里叶变换的条件非常苛刻，并非所有的序列都能满足绝对可和的狄氏收敛条件；其二是 z 变换在数字信号分析过程中，要比傅里叶变换更简便。

在序列的傅里叶变换中，$e^{j\omega} = \cos\omega + j\sin\omega$，因此 $|e^{j\omega}| = 1$。将其放到复平面上观察，$e^{j\omega}$ 其实就是复平面上半径为 1 的圆，称为单位圆，如图 3.1.1 所示。

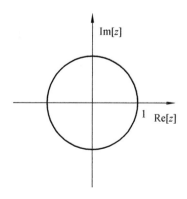

图 3.1.1　复平面上的单位圆

在此引入一个复变量 z，令 $z = re^{j\omega}$，则 z 就是复平面上半径为 r 的圆。若规定 r 的取值为 $[0, \infty)$，则 z 变量可以是复平面上任意半径的圆，它所在的复平面称 z 平面。本章所介绍的 z 变换，就是围绕着这样一个变量 z 展开的。

子项目二　序列 z 变换的公式分析

z 变换用于实现信号的复频域转换，用缩写字母 ZT 表示。序列 $x(n)$ 的 z 变换表达式如式（3.2.1）所示。

$$X(z) = \sum_{n=-\infty}^{\infty} x(n)z^{-n} \tag{3.2.1}$$

本书所介绍的 z 变换中的对 n 求和都是在 $(-\infty, +\infty)$ 进行，都属于双边 z 变换。实际上还有单边 z 变换，对此不再赘述。对于因果序列，二者的运算结果是一致的。

由式（3.2.1）可知，序列的 z 变换是一个级数形式，因此同样存在收敛与否的问题。与傅里叶变换一样，z 变换存在要求该级数绝对可和，如式（3.2.2）所示。

$$\sum_{n=-\infty}^{\infty} \left| x(n)z^{-n} \right| < \infty \tag{3.2.2}$$

为保证式（3.2.2）成立，z 变量本身要有一个取值范围。z 变量的这个取值域被称为收敛域，即

$$R_{x-} < |z| < R_{x+}$$

因为 $z = re^{j\omega}$，代入式（3.2.2）就得到

$$R_{x-} < r < R_{x+}$$

收敛域如图 3.2.1 所示。

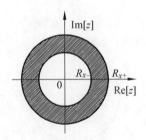

图 3.2.1　z 变换的收敛域

收敛域总是以 $X(z)$ 的极点限定其边界。

【例 3.2.1】　序列 $x(n) = u(n)$，试求其 z 变换及收敛域。

解： 根据式（3.2.1）

$$X(z) = \sum_{n=-\infty}^{\infty} u(n)z^{-n} = \sum_{n=0}^{\infty} z^{-n}$$

根据式（3.2.2），$X(z)$ 的存在条件是 $|z^{-1}|<1$，由此求得收敛域为 $|z|>1$。

根据收敛域的运算结果，得到

$$X(z) = \frac{1}{1-z^{-1}}, \quad |z| > 1$$

收敛域如图 3.2.2 所示。

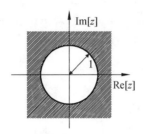

图 3.2.2 序列 $u(n)$ 的 z 变换的收敛域

对比本节和项目二的相关内容，可知傅里叶变换和 z 变换有着密切的关系。可以说，z 变换是傅里叶变换的推广，傅里叶变换是 z 变换的特例，其实就是单位圆上的 z 变换。对于某些序列，如例 3.2.1 中的 $u(n)$，其傅里叶变换是不存在的，但是在一定收敛域内其 z 变换是存在的。而且表现在收敛域上，就是 z 收敛域不包括单位圆。表 3.2.1 列举了常见序列的 z 变换及其收敛域。

表 3.2.1 常见序列的 z 变换及收敛域

序　列	z 变换	收敛域
$\delta(n)$	1	整个 z 平面
$u(n)$	$\dfrac{1}{1-z^{-1}}$	$|z|>1$
$a^n u(n)$	$\dfrac{1}{1-az^{-1}}$	$|z|>|a|$
$-a^n u(-n-1)$	$\dfrac{1}{1-az^{-1}}$	$|z|<|a|$
$R_N(n)$	$\dfrac{1-z^{-N}}{1-z^{-1}}$	$|z|>0$
$\mathrm{e}^{\mathrm{j}\omega_0 n} u(n)$	$\dfrac{1}{1-\mathrm{e}^{\mathrm{j}\omega_0} z^{-1}}$	$|z|>1$

子项目三 序列 z 变换的收敛域

序列的特性和其 z 变换的收敛域密切相关。如表 3.2.1 所示，不同的序列可能有相同的 z 变换，但是收敛域各不相同。本节将介绍不同序列的特性对收敛域的影响。

一、有限长序列

如果序列 $x(n)$ 从 $n_1 \sim n_2$ 的序列值不全为零，此范围之外的序列值均为零，则这样的序列被称为有限长序列。设 $x(n)$ 为一有限长序列，左右边界分别为 n_1、n_2，则根据其左右边界取值的不同，有限长序列的收敛域有以下四种情况：

（1）$n_1=n_2=0$ 时，收敛域取整个 z 平面。显然，这种情况是一个特例，仅有单位脉冲序列 $\delta(n)$ 符合。

（2）$n_1<0$，$n_2 \leqslant 0$ 时，收敛域取 $0 \leqslant |z| < \infty$，此时序列的 z 变换表达式仅包含 z 的正幂。

（3）$n_1<0$，$n_2>0$ 时，收敛域取 $0<|z|<\infty$，此时序列的 z 变换表达式包含 z 的正幂和负幂。

（4）$n_1 \geqslant 0$，$n_2>0$ 时，收敛域取 $0<|z| \leqslant \infty$，此时序列的 z 变换表达式仅包含 z 的负幂。

由此可知，对于有限长序列的 z 变换的收敛域的求取，只需考虑 0、∞ 两点即可。除此之外，z 平面上其余部分必收敛。

【例 3.3.1】 已知序列 $x(n)=R_N(n)$，求其 z 变换及收敛域。

解：

$$X(z) = \sum_{n=-\infty}^{\infty} R_N(n)z^{-n} = \sum_{n=0}^{N} z^{-n} = \frac{1-z^{-N}}{1-z^{-1}}$$

$R_N(n)$ 是有限长序列，且 $n_1 \geqslant 0$，$n_2>0$，因此收敛域为 $0<|z| \leqslant \infty$。

二、无限长序列

1. 右序列

右序列存在一个左边界 n_1，序列向右即横轴的正方向无限延伸。

【例 3.3.2】 已知序列 $x(n)=a^n u(n)$，求其 z 变换及收敛域。

解：

$$X(z) = \sum_{n=-\infty}^{\infty} a^n u(n)z^{-n} = \sum_{n=0}^{\infty} a^n z^{-n} = \frac{1}{1-az^{-1}}$$

成立条件为 $|az^{-1}| < 1$，因此收敛域为 $|z| > |a|$，具体如图 3.3.1（a）所示。

由此可知，右序列的收敛域是 z 平面上半径为 a 的圆以外的区域，包括∞点。若其收敛域包含单位圆，则该右序列同时存在傅里叶变换。

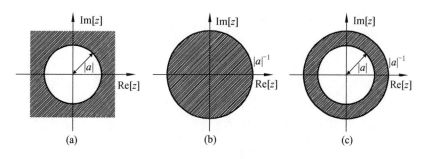

图 3.3.1 特殊序列 z 变换的收敛域

2. 左序列

左序列存在一个右边界 n_2，序列向左即横轴的负方向无限延伸。

【例 3.3.3】 已知序列 $x(n)=-a^n u(-n-1)$，求其 z 变换及收敛域。

解：

$$X(z)=\sum_{n=-\infty}^{\infty}-a^n u(-n-1)z^{-n}=-\sum_{n=-\infty}^{-1}a^n z^{-n}=-\sum_{n=1}^{\infty}a^{-n}z^n=\frac{1}{1-az^{-1}}$$

成立条件为 $\left|a^{-1}z\right|<1$，因此收敛域为 $|z|<|a|$，具体如图 3.3.1（b）所示。

由此可知，左序列的收敛域是 z 平面上半径为 a 的圆以内的区域，包括 0 点。若其收敛域包含单位圆，则该左序列同时存在傅里叶变换。

3. 双边序列

双边序列向左右两个方向无限延伸，也可看作是一个左序列和一个右序列之和。

【例 3.3.4】 已知序列 $x(n)=a^{|n|}$，求其 z 变换及收敛域。

解：

$$X(z)=\sum_{n=-\infty}^{\infty}a^{|n|}z^{-n}=\sum_{n=0}^{\infty}a^n z^{-n}+\sum_{n=-\infty}^{-1}a^{-n}z^{-n}$$

根据成立条件，第一部分的收敛域为 $|z|>|a|$，第二部分的收敛域为 $|z|<|a|^{-1}$。

参照例 3.3.2 和例 3.3.3 的运算步骤进行计算，可知 z 变换表达式为

$$X(z)=\frac{1}{1-az^{-1}}+\frac{az}{1-az}=\frac{1-a^2}{(1-az)(1-az^{-1})}$$

在此又分为两种情况：

若 $|a|<1$，则两部分可取到公共收敛域，为 $|a|<|z|<|a|^{-1}$，具体如图 3.3.1（c）所示；

若 $|a|\geqslant 1$，则无公共收敛域，此时 z 变换不存在。

由此可知，双边序列的收敛域是 z 平面上半径为 a 和 a^{-1} 的两个圆之间的环形区域。若其收敛域包含单位圆，则该双边序列同时存在傅里叶变换。若 $|a|\geqslant 1$，则其 z 变换不存在。

综上所述，常见序列 z 变换的收敛域通常可由以下条件判断：

（1）由于收敛条件由 $|z|$ 决定，而如前所述 $|z|$ 是复平面上任意半径的圆，所以收敛域是以一个圆限定其边界的。

（2）对于右边序列（$n \geqslant 0$ 存在），$|z| > R_-$ 时收敛，且 R_- 是右序列的极点。

（3）对于左边序列（$n<0$ 存在），$|z| < R_+$ 时收敛，且 R_+ 是左边序列的极点。

（4）若存在不止一个极点，则找到与收敛域相重合的那个极点。对于右边序列是最外的极点之外收敛，对于左边序列是最内的极点之内收敛。

（5）对于双边序列，若左、右序列的收敛域具有重叠部分，则重叠部分为收敛域，必是一个开放的环；若无重叠部分，则不收敛（z 变换不存在）。

（6）如果存在一个序列，它在 $n<n_1$ 和 $n>n_2$ 时取零值，则称其为有限长序列。这类序列的收敛域是有限 z 平面。若 $n_1<0$，则 $z=\infty$ 不属于收敛域；若 $n_2>0$，则 $z=0$ 也不属于收敛域。

（7）收敛域是一个连通的区域，即收敛域不可分割。

（8）对于有理函数，其收敛域边界上至少有一个极点，收敛域中无极点。

子项目四 逆 z 变换

已知序列的 z 变换 $X(z)$ 及其收敛域，求原序列 $x(n)$ 的运算称为逆 z 变换。求逆 z 变换常用的方法有幂级数展开法、留数定理法、部分分式展开法。本节主要介绍幂级数展开法和部分分式展开法。

一、幂级数展开法

在式（3.2.1）中，若将 $X(z)$ 视为幂级数的形式，则级数的系数即为原序列 $x(n)$。因此，若 $X(z)$ 已知，可利用长除法将其展开，然后提取系数 $x(n)$ 即可。收敛域在此起到判断运算方向的作用：若 $x(n)$ 是右序列，则取负幂级数，降幂排列；若 $x(n)$ 是左序列，则取正幂级数，升幂排列。

【例 3.4.1】 已知 $X(z) = \dfrac{1}{1-az^{-1}}$，收敛域 $|z| > |a|$，求原序列 $x(n)$。

解：根据收敛域可以判断这是一右序列，故利用长除法将其展开成负幂级数形式：

$$1-az^{-1} \overline{)1} \quad \begin{array}{l} 1+az^{-1}+a^2z^{-2}+\cdots \end{array}$$

$$\dfrac{1-az^{-1}}{az^{-1}}$$

$$\dfrac{az^{-1}-a^2z^{-2}}{a^2z^{-2}}$$

……

整理得到

$$X(z) = 1 + az^{-1} + a^2 z^{-2} + a^3 z^{-3} + \cdots = \sum_{n=0}^{\infty} a^n z^{-n}$$

因此 $\qquad x(n) = a^n u(n)$

在本例中，若设定收敛域 $|z| < |a|$，则根据收敛域可以判断原序列为左序列，故利用长除法将其展成正幂级数形式，即

$$X(z) = \frac{1}{1 - az^{-1}} = \frac{z}{z - a} = \frac{z}{-a + z}$$

$$
\begin{array}{r}
-a^{-1}z - a^{-2}z^{-2} + \cdots \\
-a + z \overline{) z } \\
z - a^{-1}z^2 \\
\hline
a^{-1}z^2 \\
a^{-1}z^2 - a^{-2}z^3 \\
\hline
a^{-2}z^{-3} \\
\cdots\cdots
\end{array}
$$

整理得 $\qquad x(n) = -a^n u(-n-1)$

二、经验公式法

除上述两种方法外，实际中还经常采用经验公式法求逆 z 变换。若熟练掌握表 3.2.1，则对于某些比较简单的求逆 z 变换问题，可以无须长除运算，直接根据经验公式求得原序列 $x(n)$。

例如，对于形如 $X(z) = \dfrac{M}{1 - Nz^{-1}}$ 形式的 z 变换，其原序列

$$x(n) = \begin{cases} MN^n u(n) \cdots\cdots\cdots\cdots\cdots\cdots\cdots\cdots ① \\ -MN^n u(-n-1) \cdots\cdots\cdots\cdots\cdots\cdots ② \end{cases}$$

当 $|z| > |N|$，原序列为右序列时，取公式①；

当 $|z| < |N|$，原序列为左序列时，取公式②。

三、部分分式展开法

在离散系统分析中，经常遇到序列的象函数 $X(z)$ 是有理函数，即

$$X(z) = \frac{B(z)}{A(z)} = \frac{b_m z^m + b_{m-1} z^{m-1} \cdots + b_1 z + b_0}{z^k + a_{k-1} z^{k-1} \cdots + a_1 z + a_0}, \ m \leqslant k \qquad (3.4.1)$$

对于式（3.4.1），可以像拉普拉斯逆变换那样，先将它分解为部分分式的和，然后再根据公式求逆变换，最后把各逆变换相加即可得到原序列 $x(n)$。

为了方便，可以先将 $X(z)/z$ 展开为部分分式，然后再将每个分式乘以 z。下面就 $X(z)$ 的不同极点情况介绍部分分式展开法。

1. $X(z)$ 有单极点

如果 $X(z)$ 的极点 z_1, z_2, $\cdots$, z_k 都互不相同，且不等于 0，则可展开为

$$\frac{X(z)}{z} = \frac{K_0}{z} + \frac{K_1}{z-z_1} + \frac{K_2}{z-z_2} + \cdots + \frac{K_k}{z-z_k} = \sum_{i=0}^{k} \frac{K_i}{z-z_i} \tag{3.4.2}$$

各系数可以利用下式计算：

$$K_i = \left. (z-z_i)\frac{X(z)}{z} \right|_{z=z_i} \tag{3.4.3}$$

将求得的各系数 K_i 代入式（3.4.2）后，等号两端同乘以 z，得

$$X(z) = K_0 + \sum_{i=1}^{k} \frac{K_i z}{z-z_i} \tag{3.4.4}$$

2. $X(z)$ 有 r 重极点

如果 $X(z)$ 的极点 $z=z_1=a$ 处有 r 重极点，可展开为

$$\frac{X(z)}{z} = \frac{X_a(z)}{z} + \frac{X_b(z)}{z} = \frac{K_{11}}{(z-a)^r} + \frac{K_{12}}{(z-a)^{r-1}} + \cdots + \frac{K_{1r}}{z-a} + \frac{X_b(z)}{z} \tag{3.4.5}$$

系数 K_{1i} 可用下式求得

$$K_{1i} = \frac{1}{(i-1)!} \cdot \frac{\mathrm{d}^{i-1}}{\mathrm{d}z^{i-1}} \left[(z-a)^r \frac{X(z)}{z} \right]_{z=a} \tag{3.4.6}$$

将求得的系数 K_{1i} 代入式（3.4.5）后，等号两端同乘以 z，得

$$X(z) = \frac{K_{11}z}{(z-a)^r} + \frac{K_{12}z}{(z-a)^{r-1}} + \cdots + \frac{K_{1r}z}{z-a} + X_b(z) \tag{3.4.7}$$

最后，查表求逆变换。

【**例 3.4.2**】 已知 $X(z) = \dfrac{2-z^{-1}}{1-0.25z^{-2}}$，收敛域 $|z| > \dfrac{1}{2}$，求原序列 $x(n)$。

解：对 $X(z)$ 进行整理得

$$X(z) = 2 \cdot \frac{1-0.5z^{-1}}{(1-0.5z^{-1})(1+0.5z^{-1})} = \frac{2}{1-(-0.5)z^{-1}}$$

根据收敛域判断原序列是右序列，因此

$$x(n) = 2 \cdot (-0.5)^n u(n)$$

本例中若将收敛域改为 $|z| < \dfrac{1}{2}$，则原序列变为

$$x(n) = -2 \cdot (-0.5)^n u(-n-1)$$

子项目五 序列 z 变换的性质

z 变换的许多重要性质和定理都与傅里叶变换类似，在此仅做简单列举，对二者不同的部分加以说明。

一、线 性

设 $X_1(z)$、$X_2(z)$ 分别是 $x_1(n)$、$x_2(n)$ 的 z 变换，即 $X_1(z)=ZT[x_1(n)]$，$X_2(z)=ZT[x_2(n)]$，a、b 皆为常数，则

$$ZT[ax_1(n)+bx_2(n)]=ZT[ax_1(n)]+ZT[bx_2(n)]=aX_1(z)+bX_2(z) \tag{3.5.1}$$

即线性组合的 z 变换=z 变换的线性组合。

相对于傅里叶变换的线性，z 变换的线性还要求 $x_1(n)$、$x_2(n)$ 的 z 变换即 $X_1(z)$、$X_2(z)$ 有公共收敛域，否则 $ZT[ax_1(n)+bx_2(n)]$ 是不存在的。

二、移位特性

移位特性如式（3.5.2）所示，注意转换过程不改变收敛域。

设 $\qquad X(z)=ZT[x(n)]$

则 $\qquad ZT[x(n-n_0)]=z^{-n_0} X(z) \tag{3.5.2}$

三、初值定理

设 $x(n)$ 为因果序列，$X(z)=ZT[x(n)]$，则

$$x(0)= \lim_{z \to \infty} X(z) \tag{3.5.3}$$

四、终值定理

设 $x(n)$ 为因果序列，$X(z)=ZT[x(n)]$，则

$$\lim_{n \to \infty} x(n) = \lim_{z \to 1}(z-1)X(z) \tag{3.5.4}$$

终值定理的意义在于，因果序列 $x(n)$ 的 z 变换，只能有一个一阶极点在单位圆即 $z=1$ 上，除此之外的极点均在单位圆内。

五、序列卷积

设 $y(n) = x(n) * h(n)$，$X(z)=ZT[x(n)]$，$H(z)=ZT[h(n)]$，则

$$Y(z)=ZT[y(n)]= X(z) \cdot H(z) \tag{3.5.5}$$

式（3.5.5）中 $Y(z)$ 的收敛域就是 $X(z)$ 和 $H(z)$ 的公共收敛域，否则卷积不存在。

子项目六 序列 z 变换的应用

一、系统的传输函数和系统函数

在项目二中介绍过，系统对单位脉冲序列 $\delta(n)$ 的零状态响应称为系统的单位脉冲响应，用 $h(n)$ 表示。对 $h(n)$ 进行傅里叶变换得到

$$H(\mathrm{e}^{\mathrm{j}\omega}) = \sum_{n=-\infty}^{\infty} h(n)\mathrm{e}^{-\mathrm{j}\omega n} \tag{3.6.1}$$

$H(\mathrm{e}^{\mathrm{j}\omega})$ 称为系统的传输函数，它表征系统的频率特性。

对 $h(n)$ 进行 z 变换得到

$$H(z) = \sum_{n=-\infty}^{\infty} h(n)z^{-n} \tag{3.6.2}$$

$H(z)$ 称为系统的传输函数，它表征系统的复频域特性。根据傅里叶变换与 z 变换的关系，传输函数就是单位圆上的系统函数，即

$$H(\mathrm{e}^{\mathrm{j}\omega}) = H(z)\Big|_{z=\mathrm{e}^{\mathrm{j}\omega}} \tag{3.6.3}$$

对于 N 阶差分方程，若在等式两边取 z 变换，可得到系统函数的一般表达式：

$$H(z) = \frac{Y(z)}{X(z)} = \frac{\sum\limits_{i=0}^{M} b_i z^{-i}}{\sum\limits_{i=0}^{N} a_i z^{-i}} \tag{3.6.4}$$

二、利用系统函数的收敛域判断系统的因果性及稳定性

1. 系统函数的零、极点

系统函数除了可以用式（3.6.4）所示的一般形式表示外，通常也可以用零极点的方式给出：

$$H(z) = \frac{K\prod_{j=1}^{m}(z-z_j)}{\prod_{i=1}^{n}(z-p_i)} \tag{3.6.5}$$

式中，z_j 为系统函数零点，p_i 为系统函数极点，K 为系统增益。因此，$H(z)$ 函数在 z 域中，也可以用零、极点的分布图来描述。零、极点的位置对系统性能的影响非常大，恰当地配置系统零、极点的相对位置，可以很好地改善系统性能。在滤波器设计中，这种作用尤为突出。其中极点对系统特性的影响最大，零点则根据与极点的相对距离，改善系统收敛特性。

2. 系统因果性及稳定性的判断

由前面的分析可知，因果系统的单位脉冲响应 $h(n)$ 实际上就是右序列的一种特殊情况，当 $n<0$ 时，$h(n)=0$。由右序列 z 变换收敛域的性质可知，如果系统是因果性的，那么其 z 变换的收敛域一定包含 ∞ 点，即收敛域一定是某个圆形区域以外的 z 平面。

系统如果稳定，则单位脉冲响应 $h(n)$ 必须满足 $\sum_{-\infty}^{\infty}|h(n)|<\infty$，即 $h(n)$ 绝对可和。因而稳定系统的系统函数收敛域将由满足 $\sum_{-\infty}^{\infty}|h(n)z^{-n}|<\infty$ 的 z 变量来确定，即稳定系统的收敛域应包含 z 平面的单位圆 $|z|=1$。

综合以上两点，如果系统为因果系统且稳定，则系统函数的收敛域应包含单位圆到 ∞ 的 z 平面，且系统函数的所有极点都必在单位以内，即

$$l<|z|\leqslant\infty,\ 0<l<1$$

【例 3.6.1】 已知 $H(z)=\dfrac{1-\dfrac{1}{4}z^{-2}}{\left(1+\dfrac{1}{4}z^{-2}\right)\left(1+\dfrac{11}{6}z^{-1}+\dfrac{2}{3}z^{-2}\right)}$，求其所有可能的收敛域及所对应序列的特性。

解：

$$H(z)=\frac{\left(1-\dfrac{1}{2}z^{-1}\right)\left(1+\dfrac{1}{2}z^{-1}\right)}{\left(1-\dfrac{1}{2}\mathrm{j}z^{-1}\right)\left(1+\dfrac{1}{2}\mathrm{j}z^{-1}\right)\left(1+\dfrac{1}{2}z^{-1}\right)\left(1+\dfrac{4}{3}z^{-1}\right)}$$

$$=\frac{1-\dfrac{1}{2}z^{-1}}{\left(1-\dfrac{1}{2}\mathrm{j}z^{-1}\right)\left(1+\dfrac{1}{2}\mathrm{j}z^{-1}\right)\left(1+\dfrac{4}{3}z^{-1}\right)}$$

z 变换的收敛域是由 $H(z)$ 的极点限定其边界。本例中共出现了三个极点，根据图 3.6.1 可知，$H(z)$ 的收敛域取值共有三种可能。

（1）$|z| < \dfrac{1}{2}$。此时收敛域在 z 平面上半径为 $\dfrac{1}{2}$ 的圆以内，该序列为一左序列。序列特性为非因果、不稳定。

（2）$\dfrac{1}{2} < |z| < \dfrac{4}{3}$。此时收敛域是 z 平面上半径为 $\dfrac{1}{2}$ 和 $\dfrac{4}{3}$ 的两个圆之间的环形区域，该序列为一双边序列。序列特性为稳定、非因果。

（3）$|z| > \dfrac{4}{3}$。此时收敛域在 z 平面上半径为 $\dfrac{4}{3}$ 的圆以外，该序列为一右序列。序列特性为因果、不稳定。

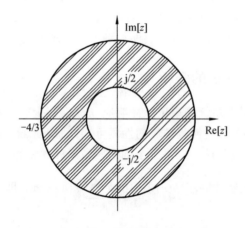

图 3.6.1　复平面上的 $H(z)$

在数字滤波器的设计中，必须要求系统是稳定的。因此本例中的第一种和第三种收敛域取值不能选用。第二种情况虽然可以保证稳定性，但是非因果系统是无法具体实现的。在此我们可以截取一段进行移位处理，再利用计算机的存储功能存储备用，可以近似地实现这类稳定非因果系统。

三、利用系统函数的零、极点分布定性分析频谱

所谓定性地判断，就是根据系统函数的零、极点分布情况大致地判断出系统频谱图的形状。这样可以为设计者提供一个直观的概念，以利于后续的分析和设计。一个 N 阶系统的系统函数的表达式包含三个要素，如式（3.6.5）所示。式中的 L 决定的是频谱图中幅值的大小。a_i 和 b_i 分别代表零点和极点，每一个零点和极点分别对应着频谱图中的一个波谷和波峰。

$$H(z) = L\frac{\displaystyle\prod_{r=1}^{M}(1 - a_i z^{-1})}{\displaystyle\prod_{r=1}^{N}(1 - b_i z^{-1})} \tag{3.6.5}$$

具体来说，可以在复平面上画一个单位圆，在单位圆的轨迹上从 $\omega=0$ 处开始逆时针旋转一周，就对应着频谱图中在频率 ω 轴上从 0 到 2π 运行一次，如此周期变化，如图（3.6.2）所示。在单位圆上旋转时离极点 b_i 越近，频谱图中幅值就越大。当距离极点最近时幅值取到峰值，而且极点越靠近单位圆的轨迹峰值就越大。在单位圆上旋转时离零点 a_i 越近，频谱图中幅值就越小。当距离零点最近时幅值取到谷值，而且零点越靠近单位圆的轨迹谷值就越小。若零点处于单位圆上时，谷值为零。

另外，若复平面上的零点或极点恰好位于原点，则对于单位圆的轨迹就无所谓远近之分，也就对频谱的形状无影响。

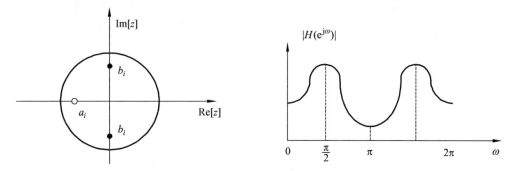

图 3.6.2 零、极点分布对频谱的影响

【例 3.6.2】 已知系统函数 $H(z)=\dfrac{1}{1-bz^{-1}}$（$0<b<1$），试分析其频率特性。

解：

$$H(z)=\frac{1}{1-bz^{-1}}=\frac{z}{z-b}$$

由此可知系统函数存在一个零点，即 $z=0$，存在一个极点，即 $z=b$。零点位于原点，对频谱形状无影响；极点处于 $\omega=0$ 处，频谱在此处出现波峰；在 $\omega=\pi$ 处距离极点最远，因此出现波谷，如图 3.6.3 所示。

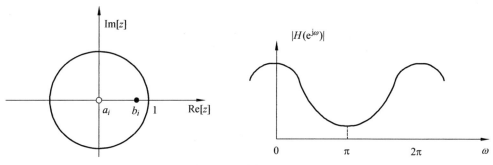

图 3.6.3 例 3.6.2 图

【例 3.6.3】 已知系统函数 $H(z)=1-z^{-N}$，试分析其频率特性。

解： 本例中的系统是一个梳状滤波器，常用于彩色电视机中。

$$H(z)=1-z^{-N}=\frac{z^N-1}{z^N}$$

由此可知系统函数存在极点 $z=0$。极点位于原点，对频谱形状无影响。存在 N 个零点，且

等间隔分布于单位圆上。设 $N=8$，则 8 个零点依次为

$$z = e^{j\frac{2\pi}{8}k}, \quad k=0, 1, 2\cdots, 7$$

当 ω 从 0 到 2π 逆时针旋转时，每间隔 $\pi/4$ 遇到一个零点，此时幅值为零，形成波谷。任意两个零点正中间的幅值最大，形成波峰，如图 3.6.4 所示。

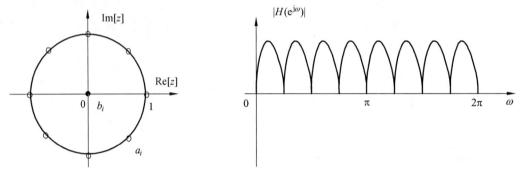

图 3.6.4　例 3.6.3 图

【例 3.6.3】 已知系统函数为 $H(z) = \dfrac{1-1.6z^{-1}+0.8z^{-2}}{1-1.6z^{-1}+0.9425z^{-2}}$，试分析其频率特性。

解：由系统函数可得到极点为 $z=0.8\pm j0.55$，零点为 $z=0.8\pm j0.4$。仿真结果如图 3.6.5 所示。

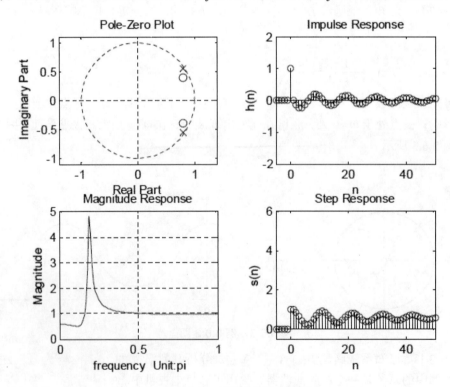

图 3.6.5　例 3.6.3 仿真结果

可以看到，本例中系统的零点与极点位置非常接近，产生相互抵消的作用，使得系统频率响应避免出现幅频上的剧烈波动，提高了系统的稳定裕度。

✍ 项目小结

（1）相对于傅里叶变换，z 变换的应用范围其实更加广泛。傅里叶变换不过是 z 变换的一种特殊表现形式。对于 z 变换表达式的理解，重点是理解 z 变量的意义以及 z 变量和 $e^{j\omega}$ 的关系。同时，对于 z 变换表达式的求解一定要有收敛域的思想。

z 变换的很多性质也与傅里叶变换的性质相对应，因此主要把握二者之间的区别。对于 z 变换所特有的性质，了解其意义即可。

（2）研究 z 变换必须有复平面的思想。许多知识点，如 z 变量、收敛域、序列特性等，如果数形结合，放到 z 平面（复平面）上去看，就会很容易理解。

（3）对逆 z 变换的求解，需要一些复杂的数学工具。本书对于逆 z 变换主要介绍了长除法、经验公式法和部分分式展开法，用于处理某些比较简单的问题。其中经验公式法要求熟练掌握常见序列的 z 变换及其收敛域。

（4）z 变换收敛域对于序列特性的影响遵循一个方向性原则。从复平面上实轴的正半轴来看，若收敛域右倾（某圆半径以外），则序列也右倾（右序列）；若收敛域左倾（某圆半径以内），则序列也左倾（左序列）；若收敛域居中（环形），则序列也居中（双边序列）。这一原则对于有限长序列也适用。以上均为充要条件。

（5）系统的因果稳定性的判定有多种方法，如观察波形、通过判断 $h(n)$ 的特性等。本项目中又介绍了通过分析 z 变换收敛域的特性来判断的方法。以上均为充要条件。但是，分析 z 变换收敛域的特性，主要是根据零、极点分布来定性分析频谱的形状，可以对特殊点（波峰、波谷）进行准确判断，但对整体波形不能精确地定量分析。

📖 项目实训

一、利用系统函数零、极点分布分析频谱

使用 MATLAB 的 zplane 可以得到有理 z 变换的零极点分布图。

【实训】已知系统函数 $H(z)=1-z^{-N}$，画出 8 阶梳状滤波器的零极点图和幅频、相频特性曲线。

MATELAB 程序：

```
B=[1 0 0 0 0 0 0 0 -1]; A=1;
subplot(2,2,1); zplane(B,A);
[H,w]=freqz(B,A);
subplot(2,2,2); plot(w/pi,abs(H));
xlabel('\omega/\pi'); ylabel('|H(e^j^\omega)|'); axis([0,1,0,2.5])
subplot(2,2,4); plot(w/pi,angle(H));
xlabel('\omega/\pi'); ylabel('\phi(\omega)');
```

运行结果：

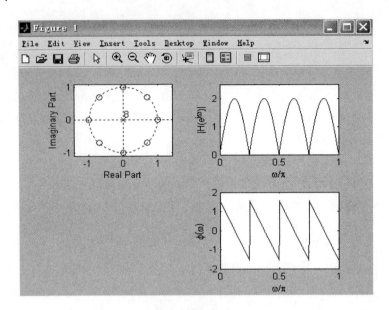

特性曲线显示图

✏ 习 题

1. 求下列序列的 z 变换并求其收敛域：

（1）$2^{-n}u(n)$

（2）$2^{-n}u(-n)$

（3）$-2^{-n}u(-n-1)$

（4）$\delta(n)$

（5）$\delta(n-1)$

（6）$2^{-n}[u(n)-u(n-1)]$

（7）$2^{n}R_4(n)$

（8）$n^{-1}, \ n \geqslant 1$

（9）$n\sin(\omega_0 n), \ n \geqslant 0$

（10）$Ar^n\cos(\omega_0 n + \varphi)u(n)$

2. 求双边序列 $x(n) = a^n u(n) - b^n u(-n-1)$ 的 z 变换及其收敛域。

3. 已知：

$$X(z) = \frac{3}{1-2z^{-1}} + \frac{2}{1-\frac{1}{2}z^{-1}}$$

求出对应 $X(z)$ 的各种可能的序列表达式。

4．求下列 $X(z)$ 的反变换：

（1）　$X(z)=\dfrac{1-\dfrac{1}{3}z^{-1}}{1-\dfrac{1}{4}z^{-1}}$ ，$|z|>\dfrac{1}{2}$

（2）　$X(z)=\dfrac{z-a}{1-az}$ ，$|z|>|\dfrac{1}{a}|$

（3）　$X(z)=\dfrac{z^2}{(z-0.5)(z-0.3)}$，　$|z|>0.5$

（4）　$X(z)=\dfrac{2z+1}{(z-0.2)(z-0.3)}$，　$0.2<|z|<0.3$

5．已知

$$H(z)=\dfrac{1-a^2}{(1-az^{-1})(1-az)}\ ,\ \ 0<a<1$$

试分析其因果性和稳定性。

6．设一个线性时不变系统的系统函数为 $H(z)=\dfrac{1-a^{-1}z^{-1}}{1-az^{-1}}$ （a 为实数）。

（1）若要求其为稳定系统，求 a 的取值范围；

（2）若满足 $0<a<1$，试求其收敛域。

7．已知某线性因果网络的系统函数为

$$H(z)=\dfrac{1+0.9z^{-1}}{1-0.9z^{-1}}$$

写出网络传输函数的表达式，并定性地画出其幅频特性曲线。

8．已知稳定时域离散系统的差分方程为 $y(n)-10/3y(n-1)+y(n-2)=x(n)$ ，求：

（1）系统函数和单位脉冲响应；

（2）若 $x(n)=u(n)$，求系统的零状态响应；

（3）写出频率响应函数 $H(e^{j\omega})$ ；

（4）若输入为 $x(n)=e^{j\omega_0 n}$，求输出 $y(n)$。

9．一个时域离散系统有一对共轭极点，即 $p_1=0.8e^{j\pi/4}$，$p_2=0.8e^{-j\pi/4}$，且在 $z=1$ 处有一阶零点；$H(0)=1$。

（1）写出该系统的系统函数 $H(z)$，并画出零极点图；

（2）试通过分析零、极点大致画出其幅频响应（$0\sim2\pi$）；

（3）若输入信号 $x(n)=e^{j\frac{\pi}{2}n}$，求该系统的输出 $y(n)$。

项目四　　离散傅里叶变换

项目要点：

① 离散傅里叶变换的公式分析与求解；
② 离散傅里叶变换的性质；
③ 离散傅里叶变换与序列的傅里叶变换、z 变换的联系与区别；
④ 离散傅里叶变换的主要应用。

子项目一　　频域离散化

现代数字信号处理技术是随着数字电子计算机技术的飞速发展而不断丰富和完善的。序列的傅里叶变换和 z 变换都是时域离散信号与系统分析和设计的重要数学工具。但是对时域离散信号进行两种变换的结果都是连续函数，无法用计算机直接进行处理，因此必须再进行变换以实现频域离散化。本章主要介绍的离散傅里叶变换，就可以完成这一任务。

离散傅里叶变换的英文缩写为 DFT，其实质是有限长序列傅里叶变换的有限点离散采样。它可以实现信号在频域的离散化，从而使利用计算机在频域进行信号处理成为可能；特别是由于离散傅里叶变换有多种快速算法，从而可以使信号处理的速度大大提高。同时，它又与数字信号处理的另两个重要工具——序列的傅里叶变换和 z 变换之间有着紧密的联系。因此，离散傅里叶变换是数字信号处理中最核心的数学工具，具有重要的理论和应用价值。

一、周期序列及傅里叶级数

1. 周期序列

如果一个离散信号周而复始、无始无终，则该信号是离散周期信号。因为离散信号的特殊性，这里的周而复始也有其特殊性。

准确的表述是：如果一个离散信号 $x(n)$ 满足关系式

$$x(n) = x(n + mN) \tag{4.1.1}$$

其中，m 取整数，N 是满足关系式的最小正整数，叫作周期信号的周期。则 $x(n)$ 是周期信号，

记作 $\tilde{x}(n)$。

为了区别周期信号和非周期信号，我们规定：用 $\tilde{x}(n)$ 表示周期信号，用 $x(n)$ 表示非周期信号，或者表示周期信号的主值序列。

对于周期信号 $\tilde{x}(n)$ 来说，N 是它的周期，$n \in [0, N-1]$ 是它的主值区间。$x(n)$ 表示周期信号 $\tilde{x}(n)$ 的主值序列，简称主值，$n \in [0, N-1]$。

周期信号 $\tilde{x}(n)$ 和它的主值序列 $x(n)$ 的关系如下：

$$x(n) = \tilde{x}(n)R_N(n) \tag{4.1.2}$$

$$\tilde{x}(n) = \sum_{m=-\infty}^{+\infty} x(n + mN) \tag{4.1.3}$$

$$\tilde{x}(n) = x((n))_N \tag{4.1.4}$$

式（4.1.2）说明，主值序列 $x(n)$ 可以从周期信号 $\tilde{x}(n)$ 的主值区间截取得到；式（4.1.3）说明，周期信号 $\tilde{x}(n)$ 可以由主值序列 $x(n)$ 以 N 为周期进行周期性延拓得到。式（4.1.3）和式（4.1.4）等价。

我们定义求余运算 $((n))_N$：

如果　　　　　　　$n = mN + n_1$

其中，m、n、n_1、N 是正整数，并且 $0 \leqslant n_1 \leqslant N-1$，则

$$((n))_N = n_1$$

n_1 叫作数 n 以 N 为基的余数。

【例 4.1.1】　　判断 $x(n) = \sin(3n)$，$n \in (-\infty, +\infty)$ 是否是周期性序列。

解：如果 $x(n)$ 是周期性序列，必然存在最小正整数 N，满足关系式 $x(n) = x(n + mN)$。

$$x(n) = \sin(3n)$$

$$x(n + N) = \sin[3(n + N)] = \sin(3n + 3N)$$

当 $3N = m \times 2\pi$，m 取整数，N 取正整数时，$x(n) = x(n + mN)$ 成立。

因为找不到整数 m、正整数 N，使 $3N = m \times 2\pi$ 成立，所以 $x(n) \neq x(n + mN)$，即 $x(n) = \sin(3n)$ 是非周期信号。

2. 周期序列的傅里叶级数

1）周期序列的傅里叶级数（DFS）的定义

设 $\tilde{x}(n)$ 是周期为 N 的信号，则：

$$\tilde{X}(k) = \text{DFS}[\tilde{x}(n)] = \sum_{n=0}^{N-1} \tilde{x}(n)\text{e}^{-\text{j}\frac{2\pi}{N}kn} \tag{4.1.5}$$

$$\tilde{x}(n) = \text{IDFS}[\tilde{X}(k)] = \frac{1}{N} \sum_{n=0}^{N-1} \tilde{X}(k)\text{e}^{\text{j}\frac{2\pi}{N}kn} \tag{4.1.6}$$

其中，式（4.1.5）是周期信号 $\tilde{x}(n)$ 的傅里叶级数的系数，式（4.1.6）是周期信号 $\tilde{x}(n)$ 的傅里

叶级数表示式。

2）周期序列的傅里叶级数的物理意义

以 N 为周期的周期序列 $\tilde{x}(n)$，可以分解成 N 个正弦信号之和，每个正弦信号的频率

$$\omega_k = \frac{2\pi}{N}k, \quad 0 \le k \le N-1$$

$k=0$，正弦信号的频率是 $\omega_0 = 0$，振幅是 $\frac{1}{N}\tilde{X}(0)$，这样的信号叫作 $\tilde{x}(n)$ 的直流。

$k=1$，正弦信号的频率是 $\omega_1 = \frac{2\pi}{N}$，振幅是 $\frac{1}{N}\tilde{X}(1)$，这样的信号叫作 $\tilde{x}(n)$ 的基波。

一般情况下，$k=i$，正弦信号的频率是 $\omega_i = \frac{2\pi}{N}i$，振幅是 $\frac{1}{N}\tilde{X}(i)$，这样的信号叫作 $\tilde{x}(n)$ 的第 i 次谐波。

我们现在证明式（4.1.5）和式（4.1.6）的正确性。

证明：设周期是 N 的周期信号 $\tilde{x}(n)$ 的主值区间是 $n \in [0, N-1]$，则

$\tilde{x}(n)$ 可以表示成正弦函数 $e^{j\frac{2\pi}{N}k}$ 的一个级数。

$$\tilde{x}(n) = \frac{1}{N}\sum_{k=-\infty}^{+\infty} a_k e^{j\frac{2\pi}{N}kn}$$

把上式等号两边同时乘以 $e^{-j\frac{2\pi}{N}mn}$，然后两边同时对 n 求和，得

$$\sum_{n=0}^{N-1}\tilde{x}(n)e^{-j\frac{2\pi}{N}mn} = \sum_{n=0}^{N-1}\left[\left(\frac{1}{N}\sum_{k=-\infty}^{+\infty}a_k e^{j\frac{2\pi}{N}kn}\right)e^{-j\frac{2\pi}{N}nm}\right]$$

$$= \frac{1}{N}\sum_{k=-\infty}^{+\infty}[\sum_{n=0}^{N-1}a_k e^{j\frac{2\pi}{N}(k-m)n}]$$

$$= \frac{1}{N}\sum_{k=-\infty}^{+\infty}[a_k \sum_{n=0}^{N-1}e^{j\frac{2\pi}{N}(k-m)n}]$$

$$= \sum_{k=-\infty}^{+\infty}[a_k\delta(k-m)]$$

$$= a_m$$

$$a_m = \sum_{n=0}^{N-1}\tilde{x}(n)e^{-j\frac{2\pi}{N}mn}$$

$$a_k = \sum_{n=0}^{N-1}\tilde{x}(n)e^{-j\frac{2\pi}{N}kn} \tag{4.1.7}$$

因为 $\tilde{x}(n)$、$e^{j\frac{2\pi}{N}kn}$ 都是周期等于 N 的周期信号，所以它们的乘积 $\tilde{x}(n)e^{j\frac{2\pi}{N}kn}$ 也是周期等于 N

的周期信号，即 a_k 是周期等于 N 的周期信号。

同理，将式（4.1.7）的两边同时乘以 $e^{j\frac{2\pi}{N}km}$，然后两边同时对 k 求和，得

$$\sum_{k=0}^{N-1}a_k e^{j\frac{2\pi}{N}km} = \sum_{k=0}^{N-1}[(\sum_{n=0}^{N-1}\tilde{x}(n)e^{-j\frac{2\pi}{N}kn})e^{j\frac{2\pi}{N}km}]$$

$$= \sum_{n=0}^{N-1}[\tilde{x}(n)\sum_{k=0}^{N-1}e^{j\frac{2\pi}{N}(m-n)k}]$$

$$= N\sum_{n=0}^{N-1}[\tilde{x}(n)\delta(n-m)]$$

$$= N\tilde{x}(m)$$

$$\tilde{x}(m) = \frac{1}{N}\sum_{k=0}^{N-1}a_k e^{j\frac{2\pi}{N}km}$$

$$\tilde{x}(n) = \frac{1}{N}\sum_{k=0}^{N-1}a_k e^{j\frac{2\pi}{N}kn}$$

令 $\tilde{X}(k) = a_k$，则

$$\tilde{X}(k) = \sum_{n=0}^{N-1}\tilde{x}(n)e^{-j\frac{2\pi}{N}kn}$$

$$\tilde{x}(n) = \frac{1}{N}\sum_{k=0}^{N-1}\tilde{X}(k)e^{j\frac{2\pi}{N}kn}$$

二、周期信号的傅里叶变换

因为周期信号不满足绝对可和的条件，所以严格来讲，它的傅里叶变换不存在。但是，在引入单位冲激序列 $\delta(n)$ 的前提下，绝对可和的条件就成为不必要的限制了。

我们首先对周期信号 $\tilde{x}(n)$ 取离散傅里叶级数，然后对其级数取傅里叶变换，就可以得到周期信号 $\tilde{x}(n)$ 的傅叶变换表示式。

因为　　　　　　$$\tilde{x}(n) = \frac{1}{N}\sum_{k=0}^{N-1}\tilde{X}(k)e^{j\frac{2\pi}{N}kn}$$

$$\tilde{X}(k) = \sum_{n=0}^{N-1}\tilde{x}(n)e^{-j\frac{2\pi}{N}kn}$$

又因为　　　　　　$\mathrm{IFT}[\delta(\omega-\omega_0)]=\dfrac{1}{2\pi}\displaystyle\int_{-\pi}^{+\pi}\delta(\omega-\omega_0)\mathrm{e}^{\mathrm{j}\omega n}\mathrm{d}\omega$

$$=\frac{1}{2\pi}\int_{-\pi}^{+\pi}\delta(\omega-\omega_0)\mathrm{e}^{\mathrm{j}\omega_0 n}\mathrm{d}\omega$$

$$=\frac{1}{2\pi}\mathrm{e}^{\mathrm{j}\omega_0 n}=\frac{1}{2\pi}\mathrm{e}^{\mathrm{j}(\omega_0+2\pi r)n}\,,\quad -\infty<r<+\infty$$

$$\mathrm{FT}[\tilde{x}(n)]=\frac{1}{N}\mathrm{FT}[\sum_{k=0}^{N-1}\tilde{X}(k)\mathrm{e}^{\mathrm{j}\frac{2\pi}{N}kn}]$$

$$=\frac{1}{N}\sum_{k=0}^{N-1}\tilde{X}(k)\mathrm{FT}[\mathrm{e}^{\mathrm{j}\frac{2\pi}{N}kn}]$$

$$=\frac{1}{N}\sum_{k=0}^{N-1}\tilde{X}(k)\sum_{n=-\infty}^{+\infty}[\mathrm{e}^{\mathrm{j}\frac{2\pi}{N}kn}\mathrm{e}^{-\mathrm{j}\omega n}]$$

$$=\frac{1}{N}\sum_{k=0}^{N-1}\tilde{X}(k)\sum_{n=-\infty}^{+\infty}[\mathrm{e}^{-\mathrm{j}\left(\omega-\frac{2\pi}{N}k\right)n}]$$

$$=\frac{1}{N}\sum_{k=0}^{N-1}\tilde{X}(k)\sum_{n=-\infty}^{+\infty}[\mathrm{e}^{-\mathrm{j}\left(\omega-\frac{2\pi}{N}k+2\pi r\right)n}]\,,\quad -\infty<r<+\infty$$

$$=\frac{1}{N}\sum_{k=0}^{N-1}\tilde{X}(k)2\pi\delta\left(\omega-\frac{2\pi}{N}k+2\pi r\right)$$

$$=\frac{2\pi}{N}\sum_{k=-\infty}^{+\infty}\tilde{X}(k)\delta\left(\omega-\frac{2\pi}{N}k\right)$$

所以，周期信号 $\tilde{x}(n)$ 的傅里叶变换表示为

$$X(\mathrm{e}^{\mathrm{j}\omega})=\mathrm{FT}[\tilde{x}(n)]=\frac{2\pi}{N}\sum_{k=-\infty}^{+\infty}\tilde{X}(k)\delta(\omega-\frac{2\pi}{N}k)\tag{4.1.8}$$

其中　　　　　　$\tilde{X}(k)=\displaystyle\sum_{n=0}^{N-1}\tilde{x}(n)\mathrm{e}^{-\mathrm{j}\frac{2\pi}{N}kn}$

式（4.1.8）的物理意义是：周期信号 $\tilde{x}(n)$ 的频谱 $X(\mathrm{e}^{\mathrm{j}\omega})$ 是被取样信号 $\delta\left(\omega-\dfrac{2\pi}{N}k\right)$ 在数字频率轴 ω 上离散的，各个离散频率 $\omega=\dfrac{2\pi}{N}k$ 的，各个频点的幅度等于 $\dfrac{2\pi}{N}\tilde{X}(k)$ 的周期信号。

由以上分析可以看出，通过傅里叶级数的展开，能够实现周期序列的傅里叶变换，从而

达到频谱离散化的目的。当我们取周期序列的周期为无限长，或者截取一个周期区间时，周期序列就变成有限长序列。相应的，周期序列傅里叶变换的一个主值区间就转换为有限长序列的离散化傅里叶表示。

子项目二　离散傅里叶变换的公式分析

长度为 M 的有限长序列 $x(n)$ 的 N 点离散傅里叶变换如式（4.2.1）所示。

$$X(k)=\text{DFT}[x(n)]=\sum_{n=0}^{N-1}x(n)W_N^{kn}，k=0，1，\cdots，N-1 \qquad （4.2.1）$$

其中
$$W_N=e^{-j\frac{2\pi}{N}}$$

整个公式所包含的内容可以概括为：一个公式，两个限制条件，三个隐含条件。

一个公式，即式（4.2.1）。$X(k)$ 即我们所求的 $x(n)$ 的离散傅里叶变换。

两个限制条件，分别是原序列长度 M 和所求变换的点数 N。此二者是求解离散傅里叶变换所必不可少的条件。对于任意的序列，只有规定了 M 和 N 的值，才能够唯一地求出其离散傅里叶变换的值。其中 N 又称为离散傅里叶变换的变换区间长度，同时也是频域的离散采样点数。如此就使有限长时域离散序列和有限长频域离散序列建立了对应关系。

三个隐含条件，同时也包含了对原公式的限制因素。

隐含条件一：$W_N=e^{-j\frac{2\pi}{N}}$。该条件的物理意义就在于它说明了序列 $x(n)$ 的 N 点离散傅里叶变换是对 $x(n)$ 的傅里叶变换 $X(e^{j\omega})$ 在[0，2π]上的 N 点等间隔采样，采样间隔为 $2\pi/N$。同时，该条件也体现了离散傅里叶变换的隐含周期性，隐含周期为 N。

隐含条件二：前述的两个限制条件之间，必须满足 $N\geqslant M$。也就是说，变换区间长度（N），不得小于有限长序列的序列长度（M），否则将无法实现完全的频域离散化，离散傅里叶变换也就失去其意义了。这也是实际应用中经常遇到的问题。

隐含条件三：$k=0，1，\cdots，N-1$。显然，k 的取值是由 N 来确定的，说明序列的离散傅里叶变换一定是有限长的。k 也是离散傅里叶变换 $X(k)$ 的频域自变量。

已知离散傅里叶变换欲求原序列，需要用到离散傅里叶反变换，如式（4.2.2）所示。离散傅里叶反变换的结果是唯一的。通常称式（4.2.1）和式（4.2.2）为离散傅里叶变换对。

$$x(n)=\text{IDFT}[X(k)]=\frac{1}{N}\sum_{n=0}^{N-1}X(k)W_N^{-kn}，n=0，1，\cdots，N-1 \qquad （4.2.2）$$

【例 4.2.1】　序列 $x(n)=R_4(n)$，试求其 16 点离散傅里叶变换。

解：

$$\text{DFT}[x(n)]=X(k)=\sum_{n=-0}^{16}R_4(n)e^{-j\frac{2\pi}{16}kn}$$

$$= \sum_{n=-0}^{3} e^{-j\frac{\pi}{8}kn}$$

$$= \frac{1-e^{-j\frac{\pi}{2}k}}{1-e^{-j\frac{\pi}{8}k}}$$

$$= \frac{e^{-j\frac{\pi}{4}k}(e^{j\frac{\pi}{4}k}-e^{-j\frac{\pi}{4}k})}{e^{-j\frac{\pi}{16}k}(e^{j\frac{\pi}{16}k}-e^{-j\frac{\pi}{16}k})}$$

利用欧拉公式可得

$$X(k) = e^{-j\frac{3}{16}\pi k}\frac{\sin\left(\frac{\pi}{4}k\right)}{\sin\left(\frac{\pi}{16}k\right)}, \quad k=1, 2, \cdots, 15$$

其幅频特性和相频特性如图 4.2.1 所示。

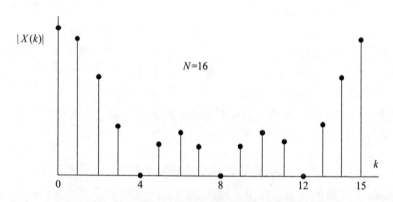

图 4.2.1 $R_4(n)$ 的 16 点离散傅里叶变换的幅频特性

本例中若改变一下变换的点数，则结果会有不同。如 8 点离散傅里叶变换的结果是

$$X(k) = e^{-j\frac{3}{8}\pi k}\frac{\sin\left(\frac{\pi}{2}k\right)}{\sin\left(\frac{\pi}{8}k\right)}, \quad k=1, 2, \cdots, 7$$

子项目三 离散傅里叶变换与傅里叶变换、z 变换的关系

综合前几个项目的内容，可以将离散傅里叶变换（DFT）和傅里叶变换（FT）、z 变换（ZT）的关系总结如下：

（1）傅里叶变换是 z 变换的特例，是单位圆上的 z 变换。这点在前几个项目中已有介绍。

（2）离散傅里叶变换是傅里叶变换在 $0\sim2\pi$ 上的等间隔采样，N 点离散傅里叶变换就是 N 点等间隔采样。这点可以参见图 2.2.1 和图 4.3.1。

（3）离散傅里叶变换是 z 变换在单位圆上的等间隔采样，N 点离散傅里叶变换就是 N 点等间隔采样。

相比于傅里叶变换和 z 变换，离散傅里叶变换还有以下几个特性：

（1）一一对应性。不同的序列可能有相同的 z 变换，区别只在于收敛域各不相同，因此 z 变换不存在一一对应性。傅里叶变换具有唯一性，即序列和其傅里叶变换是一一对应的。离散傅里叶变换同样具有一一对应性，但是前提是要唯一地确定原序列长度 M 和所求变换的点数 N。同一序列不同点数的离散傅里叶变换是不同的。

（2）无限逼近性。图 4.3.1 所示是例 4.2.1 中 $R_4(n)$ 的 16 点和 8 点离散傅里叶变换。由图可知，点数越多，则采样点就越密集，离散傅里叶变换的波形就越接近于原序列傅里叶变换的波形。若用圆滑的包络线将图中各点连接起来，则点数越多，失真就越小。因此，离散傅里叶变换是无法完全还原原序列傅里叶变换波形的，但是随着采样点数的增多，可以无限地逼近原波形。实际的工程应用中所计算的离散傅里叶变换点数是很大的，因此波形相当逼真，通过肉眼很难觉察。

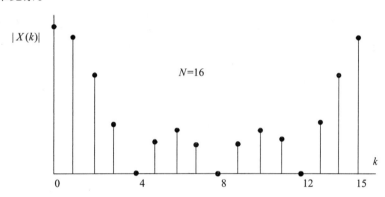

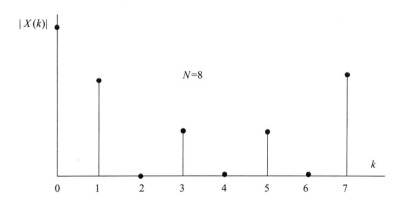

图 4.3.1　$R_4(n)$ 的 16 点和 8 点离散傅里叶变换的幅频特性比较

（3）频率分辨率特性。根据无限逼近性，离散傅里叶变换相比于傅里叶变换有一个逼真程度，一般用频率分辨率来表示，简称分辨率。频率分辨率 $F=1/NT$，其中 N 是频域采样点数，

T 是时域采样周期。分辨率的物理意义是频域两个采样点之间的采样频率间隔，单位是 Hz。分辨率的倒数称为观察时间或记录时间，记为 $T_p=NT$，其物理意义是时域采样的区间长度，单位是 s。

因此，在工程应用中，我们说频率分辨率 F 的值越小，频率分辨率就越高，图像就越清晰；反之，频率分辨率 F 的值越大，频率分辨率就越低，图像失真度就越高。例如，我国自主知识产权研发的 EVD，其清晰度是普通 DVD 的 6 倍，其实就是 F 值相当于后者的 1/6。

子项目四　离散傅里叶变换的性质

一、隐含周期性

1. 隐含周期性的内容

傅里叶变换是有周期性的，周期为 2π。由于 W_N^{kn} 本身具有周期性，因此离散傅里叶变换也隐含周期性：若对离散傅里叶变换 $X(k)$ 中 k 的取值不加限制，则 $X(k)$ 的取值是以 N 为周期的。用公式表述如下：

$$W_N^k = W_N^{(k+mN)} , \quad k, m, N\ \text{皆为整数}$$

代入式（4.2.1）得

$$X(k)=X(k+mN)$$

2. 周期延拓规律

任何周期为 N 的周期序列 $\tilde{x}(n)$，都可以看作是长度为 N 的有限长序列 $x(n)$ 的周期延拓，如式（4.4.1）所示。一般把周期序列 $\tilde{x}(n)$ 在 $[0，N-1]$ 上的第一个周期定义为 $\tilde{x}(n)$ 的主值区间，称 $x(n)$ 为 $\tilde{x}(n)$ 的主值序列，如式（4.4.2）所示。

$$\tilde{x}(n) = \sum_{m=-\infty}^{\infty} x(n+mN) \tag{4.4.1}$$

$$x(n) = \tilde{x}(n) \cdot R_N(k) \tag{4.4.2}$$

式（4.4.1）有时也简写成式（4.4.3）的形式，意为 $x(n)$ 以 N 为周期的周期延拓序列。

$$\tilde{x}(n) = x((n))_N \tag{4.4.3}$$

3. 求余公式

已知任意点数的离散傅里叶变换，可以利用求余公式（4.4.4）使序列落到主值区间上。

$$n = MN + n_0 , \quad M、N\ \text{皆为整数}, \quad n_0 \in [0, N-1] \tag{4.4.4}$$

例如，取 $N=8$，$\widetilde{x}(n) = x((n))_8$，则

$$\widetilde{x}(12) = x((12))_8 = x(4)，\quad \widetilde{x}(105) = x((105))_8 = x(1)$$

其原理就像钟表的表针，无论是逆时针还是顺时针旋转，只要转动的刻度数是 12 的整数倍，则最终停留的位置仍然是转动之前的位置。

二、线　性

设　　　　　　$y(n) = ax_1(n) + bx_2(n)$

其中，$x_1(n)$、$x_2(n)$ 皆为有限长序列，长度分别为 N_1、N_2。其 N 点离散傅里叶变换分别为 $X_1(k)$、$X_2(k)$。其中 N 取 $\max[N_1，N_2]$。则 $y(n)$ 的 N 点离散傅里叶变换为

$$Y(k) = aX_1(k) + bX_2(k)，\quad k=0，1，\cdots，N-1$$

三、循环移位特性

序列的循环移位过程如图 4.4.1 所示，主要包括周期延拓、序列移位、取主值区间这三个步骤。

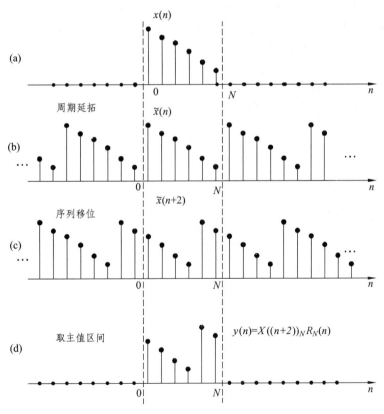

图 4.4.1　循环移位运算示意图

循环移位运算如式（4.4.5）所示，其中又包括时域循环移位定理和频域循环移位定理两个方面。

$$y(n) = x((n+m))_N R_N(n) \qquad\qquad (4.4.5)$$

1. 时域循环移位定理

设 $y(n)$ 是长度为 N 的有限长序列 $x(n)$ 的循环移位，且有

$$Y(k) = \text{DFT}[\,y(n)\,], \quad X(k) = \text{DFT}[\,x(n)\,], \quad k=0,\ 1,\ \cdots,\ N-1$$

则 $\qquad\qquad Y(k) = W_N^{-km} X(k)$

证明：

$$Y(k) = \text{DFT}[\,y(n)\,] = \sum_{n=0}^{N-1} x((n+m))_N R_N(n) W_N^{kn}$$

$$= \sum_{n=0}^{N-1} x((n+m))_N W_N^{kn}$$

设 $n'=n+m$，则 $n = n'-m$，所以

$$Y(k) = \sum_{n'=m}^{N-1+m} x((n'))_N W_N^{k(n'-m)}$$

在此应用到离散傅里叶变换一个重要的特性：由于上式中求和项 $x((n'))_N W_N^{k(n'-m)}$ 仍然是以 N 为周期的，因此对其在任意一个周期上求和的结果相同。这如同在钟表的表盘上，可以将起点选在任意一个时刻，只要将表针旋转一个周期（12 个小时），那么经过的刻度完全相同，都是 1～12 这 12 个时刻。因此可将 $Y(k)$ 的求和域落在主值区间上，得到

$$Y(k) = \sum_{n'=0}^{N-1} x((n'))_N W_N^{k(n'-m)}$$

$$= W_N^{-km} \left[\sum_{n'=0}^{N-1} x((n'))_N W_N^{kn'} \right]$$

$$= W_N^{-km} X(k)$$

2. 频域循环移位定理

设 $X(k) = \text{DFT}[\,x(n)\,]$，$k=0,\ 1,\ \cdots,\ N-1$，$Y(k)$ 是 $X(k)$ 在频域的循环移位，即

$$Y(k) = X((k+l))_N R_N(k)$$

则 $\qquad\qquad y(n) = \text{IDFT}[\,Y(k)\,] = W_N^{nl} x(n)$

该定理的证明可代入式（4.2.2），参照时域循环移位定理的证明过程进行。

四、循环卷积

循环卷积用符号"⊛"表示。它与项目一中介绍的线性卷积主要有三点不同。

1. 对象不同

循环卷积的对象必须是有限长序列，而线性卷积的对象可以是无限长序列。

2. 过程不同

线性卷积主要包括翻转、移位、对应项相乘再相加三个步骤，详见项目。若 $x_1(n)$ 与 $x_2(n)$ 取循环卷积 $x_1(n) ⊛ x_2(n)$，则大体过程主要包括：

（1）将 $x_1(n)$、$x_2(n)$ 分别用 $x_1(m)$、$x_1(m)$ 表示，这样求和变量为 m，参变量为 n。

（2）将有限长序列 $x_2(m)$ 进行周期延拓，得到周期序列 $\tilde{x}_2(m)$。

（3）将周期序列 $\tilde{x}_2(m)$ 翻转，得到 $\tilde{x}_2(-m)$。

（4）将周期序列 $\tilde{x}_2(-m)$ 取主值区间，得到 $\tilde{x}_2(-m)R_N(m)$。通常将步骤（3）与（4）合称循环反转。

（5）在区间 $[0, N-1]$ 中将 $x_1(m)$ 与 $\tilde{x}_2(-m)R_N(m)$ 横坐标相等的对应项相乘再相加。

上述步骤也可简化成周期延拓→循环反转→主值求和。若对求和区间不限定于主值区间之内，则运算结果是按照一定周期循环出现的。

循环卷积的公式表述如式（4.4.6）所示。

$$x(n) = x_1(n) ⊛ x_2(n) = \sum_{m=0}^{N-1} x_1(m)x_2((n-m))_N R_N(n) \tag{4.4.6}$$

循环卷积仍满足项目二中介绍的时频卷积定理，即

$$x_1(n) ⊛ x_2(n) \xrightarrow{\text{DFT}} X_1(k) \cdot X_2(k)$$

3. 运算结果不同

两序列长度分别是 M、N，则取线性卷积后长度为 $M+N-1$，取循环卷积后长度为 $\max[M, N]$。两个长度为 N 的序列取循环卷积后长度仍为 N。

五、共轭对称性

1. 复共轭序列的离散傅里叶变换

$$\text{DFT}[x^*(N-n)]=X^*(k)$$
$$\text{DFT}[x^*(-n)]=X^*(k)$$
$$\text{DFT}[x^*(n)]=X^*(-k)$$

2. 离散傅里叶变换的共轭对称性

傅里叶变换的共轭对称性是以整个频域作为变换区间，以原点作为对称点；离散傅里叶变换因为自身的长度限制，是以 $[0, N-1]$ 作为变换区间，以 $N/2$ 点作为对称点。用 $x_{ep}(n)$ 和 $x_{op}(n)$ 分别表示共轭对称序列和共轭反对称序列，其特性如下：

$$x_{ep}(n)= x_{ep}^*(N-n) \qquad\qquad x_{op}(n)= - x_{op}^*(N-n)$$

同样，在频域存在以下特性：

$$X_{ep}(k) = X_{ep}^*(N-k) \qquad\qquad X_{op}(k) = X_{op}^*(N-k)$$

3. 离散傅里叶变换的共轭对称性用于减少运算量

对于实序列来说，当其离散傅里叶变换的点数为偶数时，只需计算前 $N/2+1$ 点即可；当其离散傅里叶变换的点数为奇数时，只需计算前 $(N+1)/2$ 点即可。如此就可以减少运算量，提高运算效率。

【例 4.4.1】 设实序列 $x(n)$ 具有共轭对称性，试分别对其 8 点、9 点离散傅里叶变换进行简化运算处理。

解： 根据离散傅里叶变换的共轭对称性有

$$X(k) = X^*(N-k)$$

对于实序列，又有

$$X^*(N-k) = X(N-k)$$

因此　　　　　　　$X(k) = X(N-k)$

① 当 $N=8$ 时，$k=0$，1，2，3，4，5，6，7，则

$$X(1) = X(8-1) = X(7) \qquad X(2) = X(8-2) = X(6)$$

$$X(3) = X(8-3) = X(5)$$

因此，只需计算其前 $N/2+1=5$ 点即 $k=0$，1，2，3，4 时的离散傅里叶变换即可。

② 当 $N=9$ 时，$k=0$，1，2，3，4，5，6，7，8，则

$$X(1) = X(9-1) = X(8) \qquad X(2) = X(9-2) = X(7)$$

$$X(3) = X(9-3) = X(6) \qquad X(4) = X(9-4) = X(5)$$

因此，只需计算其前 $(N+1)/2$ 点即 $k=0$，1，2，3，4，5 时的离散傅里叶变换即可。

六、频域采样定理

从前面的分析我们已经知道，序列的离散傅里叶变换是对序列傅里叶变换 $X(e^{j\omega})$ 的 N 点采样，那么由 $X(k)$ 恢复原序列需要满足什么条件呢？

假设序列 $x(n)$ 的长度为 M，其傅里叶变换

$$X(e^{j\omega}) = \sum_{n=0}^{M} x(n)e^{-j\omega n}$$

在 $\omega \in [0, 2\pi]$ 上等间隔采样 N 个点，得到 $X(k)$（$0 \leqslant k \leqslant N-1$）。以 $X(k)$ 为主值，以 N 点为周期进行延拓，得到周期序列 $\tilde{X}(k)$。而 $\mathrm{IDFS}[\tilde{X}(k)] = \tilde{x}_N(n)$，$\tilde{x}_N(n) = x_N((n))_N$ 是以 $x_N(n)$ 为主值，以 N 点为周期进行延拓，得到周期序列。可见，当 $N \geqslant M$ 时，$x_N(n) = x(n)$。

由此，我们得到频率采样定理：如果序列 $x(n)$ 的长度是 M，其对应的 $X(k)$ 长度是 M，只

有当频域采样点数 $N \geq M$ 时，才能保留原信号的全部信息。即频域采样避免混叠的条件是频率采样点数 N 不小于原序列 $x(n)$ 的长度 M，即 $N \geq M$。

为了方便记忆，现将离散傅里叶变换的特性归纳于表 4.4.1。

表 4.4.1 离散傅里叶变换的特性（序列长度皆为 N）

序 列	离散傅里叶变换	性质说明
$ax(n) + by(n)$	$aX(k) + bX(k)$	线性
$x((n+m))_N R_N(n)$	$W_N^{-nk} X(k)$	循环移位特性
$W_N^{\ln} x(n)$	$X((k+l))_N R_N(k)$	
$x^*(n)$	$X^*(N-k)$	复共轭特性
$\mathrm{Re}[x(n)]$	$X_{ep}(k) = \dfrac{1}{2}[X(k) + X^*(N-k)]$	
$j\mathrm{Im}[x(n)]$	$X_{op}(k) = \dfrac{1}{2}[X(k) - X^*(N-k)]$	对称性
$x_{ep}(n)$	$\mathrm{Re}[X(k)]$	
$x_{op}(n)$	$j\mathrm{Im}[X(k)]$	
$\displaystyle\sum_{n=0}^{N-1}|x(n)|^2$	$\dfrac{1}{N}\displaystyle\sum_{k=0}^{N}|X(k)|^2$	帕斯瓦尔定理

子项目五 离散傅里叶变换的应用

一、计算线性卷积

线性卷积是一种人工处理比较烦琐的运算。根据项目二中介绍的时域卷积定理，利用傅里叶变换可通过计算频域的乘积来求得时域的线性卷积。但是傅里叶变换在频域仍为连续函数，其数据无法被计算机直接识别，计算过程仍为人工处理。

离散傅里叶变换同样满足时频卷积定理，即时域 $x_1(n) \circledast x_2(n)$ 通过离散傅里叶变换转换到频域变为 $X_1(k) \cdot X_2(k)$。因此，利用离散傅里叶变换可以通过计算频域的乘积来求得时域的循环卷积。由于离散傅里叶变换的频域离散性，循环卷积运算就可以通过计算机来处理。为了加快运算速度，提高效率，也希望通过离散傅里叶变换利用计算机来计算线性卷积。

设有两序列 $x_1(n)$、$x_2(n)$，长度分别是 M、N，二者的线性卷积和循环卷积分别用 $y_1(n)$ 和 $y_c(n)$ 来表示。设 $y_1(n)$、$y_c(n)$ 的长度分别为 H、L，当满足条件 $L \geq H$ 时，$x_1(n) \circledast x_2(n)$ 与 $x_1(n) * x_2(n)$ 的波形完全相同，即线性卷积 $y_1(n) =$ 循环卷积 $y_c(n)$。此时就可以通过计算机处理，利用离散傅里叶变换计算得到线性卷积。

如前所述，两序列 $x_1(n)$、$x_2(n)$ 取线性卷积后长度应为 $M+N-1$，取循环卷积后长度应为 $\max[M, N]$。如果循环卷积的长度不能满足 $L \geq M+N-1$，可以分别对序列 $x_1(n)$、$x_2(n)$ 尾部补

上 L-M 和 L-N 个零点，得到两个长为 L 的序列，循环卷积后 $y_c(n)$ 的长度为 L，这样就满足了要求。

利用离散傅里叶变换计算线性卷积大致可分为以下几个步骤：

（1）判断序列长度。如不能满足线性卷积与循环卷积相等的条件，需要补零点，最终达到 $L \geqslant M+N-1$。

（2）分别计算 $x_1(n)$ 和 $x_2(n)$ 的 L 点离散傅里叶变换，得到 $X_1(k)$、$X_2(k)$。

（3）取序列离散傅里叶变换的乘积，得到 $Y(k) = X_1(k) \cdot X_2(k)$。

（4）对 $Y(k)$ 取 L 点离散傅里反叶变换，最终得到线性卷积 $y_1(n)$。

整个运算过程都可以利用专用芯片和计算机完成，提高了速度和效率。图 4.5.1 所示是上述运算过程的示意图。

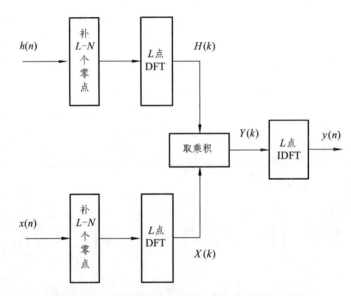

图 4.5.1　离散傅里叶变换计算线性卷积示意图

在某些情况下，如对于语音信号、地震信号等的处理，序列长度不定或者是无限长的，此时可以将长序列通过重叠相加法分段计算。

二、连续信号谱分析

1. 谱分析

所谓信号谱分析，就是计算信号的傅里叶变换。由于连续信号的傅里叶变换不便于用计算机处理，因此要通过频域采样，应用离散傅里叶变换进行分析。又由于离散傅里叶变换具有无限逼近性，因此这种分析只能是近似分析，存在一定误差。

2. 时频对偶

凡是信号在时域持续时间为无限长，则在频域的频谱必为有限宽；凡是信号在频域的频谱为无限宽，则在时域的持续时间必为有限长。类似的时频对偶现象还有很多，如傅里叶变换的移位特性、时频卷积定理，离散傅里叶变换的时频循环移位定理，等等。

因此，理论上不存在有限时间的带限信号。在离散傅里叶变换近似谱分析中，若信号持续时间很长以致难以存储和计算，就要截取有限点进行离散傅里叶变换；若信号频谱很宽，容易造成采样后的混叠失真，就要用滤波器滤去幅度较小的高频成分。

3. 近似性

如前所述，信号在谱分析之前通常都需要经过预滤波、截断等预处理，因此在今后的介绍中，假定连续信号都是经过了预处理的有限时间带限信号。离散傅里叶变换谱分析的近似性主要与三个参量有关：

（1）信号带宽。信号带宽越宽，则谱分析近似性越低。

（2）采样频率。信号采样频率越高，则分辨率越高，谱分析近似性也越高。

（3）截取长度。截取长度越长，则信号损失就越小，谱分析近似性就越高。

4. 栅栏效应

离散傅里叶变换的实质就是有限长序列傅里叶变换的有限点离散采样。N 点离散傅里叶变换就是 N 点等间隔采样，而采样点之间的频谱只能是未知量。这就如同在 $N+1$ 条栅栏的缝隙中观察整个信号的频谱，只能从 N 条栅栏隙中看到 N 个离散采样点处的谱特性，因此该现象称为"栅栏效应"。"栅栏"有可能挡住比较大的频谱分量，造成较大的误差。为了改善栅栏效应，常采用原序列尾部补零的做法，以增加变换区间长度，从而增加采样点数，使原来漏掉的某些频谱分量被检测出来。

5. 截断误差

对持续时间很长的信号进行截取处理会造成截断误差，为了改善截断误差，常采用的措施有：适当增长观察时间 T_p，增加采样点数 N，用窗函数预处理等。最简单的窗函数如 $R_N(n)$，称为矩形窗函数，如图 4.5.2 所示，可将无限长序列截短成为有限长序列。如对于无限长序列 $x(n)$，可以通过矩形窗处理截短：$y(n) = x(n)R_N(n)$。

6. 谱分析的参数选择

谱分析中有几个重要的参数，如频率分辨率 F、采样点数 N、观察时间 T_p、采样频率 f_s 等。参数的选择有如下几个原则：

（1）根据时域采样定理有 $f_s \geqslant 2f_c$。

（2）频率分辨率 $F = \dfrac{1}{NT} = \dfrac{f_s}{N}$，因此采样点数 $N = \dfrac{f_s}{F}$。

（3）根据原则（1）、（2）有 $N \geqslant \dfrac{2f_c}{F}$。

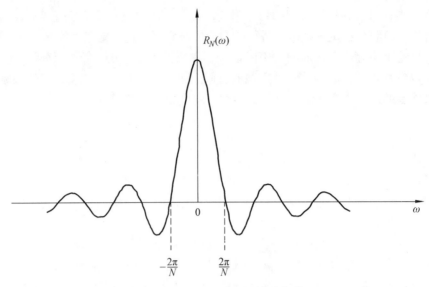

图 4.5.2　　　矩形窗函数的幅度谱

（4）最小观察时间（又称记录时间）$T_p \geqslant \dfrac{1}{F}$。

【例 4.5.1】　对实信号谱分析，要求分辨率 $F \leqslant 50\ \text{Hz}$，信号最高频率为 1 kHz。试确定最小记录时间、最大采样间隔和最少采样点数。若令 f_c 不变，欲使频率分辨率增大一倍，试问采样点 N 将如何变化。

解：

（1）根据原则（4），最小观察（记录）时间

$$T_{\text{pmin}} = \frac{1}{F_{\text{max}}} = \frac{1}{50} = 0.02\ \text{s}$$

（2）最大采样间隔即最大采样周期，根据原则（1），有

$$T_{\text{max}} = \frac{1}{f_{\text{smin}}} = \frac{1}{2 f_{\text{cmax}}} = \frac{1}{2 \times 10^3} = 0.5 \times 10^{-3}\ \text{s}$$

（3）根据原则（3），最少采样点数

$$N_{\text{min}} \geqslant \frac{2 f_c}{F_{\text{max}}} = 40$$

（4）若令 f_c 不变而频率分辨率增大一倍，说明采样密度增加了一倍，则采样点 N 应当加倍，即 $N = 80$。

三、离散傅里叶变换谱分析的误差问题

1. 栅栏效应

　　关于栅栏效应及其改善方法，在前面已经有所介绍。在连续谱分析中，若谱分析的参数选择满足前述的几个原则，则栅栏效应也可忽略不计，信号经过离散傅里叶变换后所得的离

散谱线的包络线也可近似地视为原信号的频谱。

2. 频率混叠

通过前面的讨论，我们看到离散傅里叶变换的本质是周期信号的傅里叶级数的系数的主值。对此，我们从两个方面进行说明。

一方面，时域的周期性延拓对应着频域的离散化，频域的离散化本质上是对信号频谱的频域的采样。对于时域有限长的信号 $x(n)$，我们以它为主值拓展成周期信号 $\tilde{x}(n)$，取这个周期信号 $\tilde{x}(n)$ 的傅里叶级数的系数得到频域的离散化的 $\tilde{X}(k)$，再取 $\tilde{X}(k)$ 的主值 $X(k)=\tilde{X}(k)R_N(k)$，这个 $X(k)$ 是 DFT$[x(n)]$。时域信号的周期性延拓不能有信号混叠现象，必须依靠信号频谱的频域的采样间隔 $F \leqslant \dfrac{1}{T_\text{p}}$（$T_\text{p}$ 是信号在时域的持续时间）来保证，即满足频域采样定理。也就是说，在满足频域采样定理的前提下，被恢复的信号没有重叠。

另一方面，时域的离散化对应着频域的周期性延拓，时域采样结果是对信号频谱在频域的周期性延拓。从对于已知频域的 $X(k)$，我们以它为主值拓展成周期信号 $\tilde{X}(k)$，取这个周期信号 $\tilde{X}(k)$ 的傅里叶级数的系数得到时域的离散化的 $\tilde{x}(n)$，再取 $\tilde{x}(n)$ 的主值 $x(n)=\tilde{x}(n)R_N(n)$，这个 $x(n)$ 是 IDFT$[X(k)]$。频域信号的周期性延拓不能有信号混叠现象，必须依靠信号时域的采样间隔 $f_\text{s} \geqslant 2f_\text{c}$（$f_\text{c}$ 是信号的最高频率）来保证，即满足时域采样定理。也就是说，在满足时域采样定理的前提下，被采样信号的频谱在频域没有重叠。

而且在采样处理前要进行预滤波，去除能量较小的高频成分，如此才能避免频率混叠的发生。

3. 截断效应

离散傅里叶变换和离散傅里叶反变换的过程中，为了得到频域离散信号，我们对时域信号进行周期性延拓；为了得到时域离散信号，我们对频域信号进行周期性延拓。为了周期性延拓的需要，我们在时域、频域分别对信号及其频谱进行截断处理，这就产生了信号的截断效应。

对持续时间比较长的信号 $x(n)$ 进行截断，$y(n)=x(n)R_N(n)$，$R_N(n)$ 叫作矩形窗函数。根据傅里叶变换的频域卷积定理有

$$Y(\text{e}^{\text{j}\omega}) = \text{FT}[y(n)] = \frac{1}{2\pi} X(\text{e}^{\text{j}\omega}) * R_N(\text{e}^{\text{j}\omega})$$

$$= \frac{1}{2\pi} \int_{-\pi}^{\pi} X(\text{e}^{\text{j}\theta}) R_N(\text{e}^{\text{j}(\omega-\theta)}) \text{d}\theta$$

其中

$$X(\text{e}^{\text{j}\omega}) = \text{FT}[x(n)]$$

$$R_N(\text{e}^{\text{j}(\omega)}) = \text{FT}[R_N(n)] = \text{e}^{-\text{j}\omega\frac{N-1}{2}} \frac{\sin(\omega N/2)}{\sin(\omega/2)} = R_N(\omega)\text{e}^{\text{j}\varphi(\omega)}$$

可见，信号在时域被截断，对应着在频域其频谱和矩形窗函数的频谱的卷积；反之，信号的

频谱被截断，对应着它的时域信号和矩形窗函数的卷积。这就是说截断效应的影响是改变了变换域中对应信号的图形。这主要表现在泄漏和谱间干扰两个方面。

所谓泄漏，是指原序列的频谱是离散谱线时，经截断后将向外展宽。泄漏会造成谱分辨率降低，使得频谱变得模糊，就如同毛笔字浸水后会令墨汁扩散而使字迹看上去变淡了。

所谓谱间干扰，是指不同频率分量之间的互相干扰，就如同在轰鸣的列车旁人的常规语音交流就要受到影响。一般来说，将信号频谱的主谱线称为主瓣，主瓣两侧会形成许多旁瓣。主瓣集中了信号大部分的能量和主要的特征。如在图 4.5.2 中，ω 在 $\pm\dfrac{2\pi}{N}$ 之间的部分就是主瓣，其余部分是旁瓣。某些强信号谱线的旁瓣有可能比弱信号的主瓣都要强，在谱线比较密集的情况下，这就会使弱信号主瓣发生湮没，或者将旁瓣误认为是另一信号的谱线而造成假信号。这些都会使谱分析产生大的误差。

通过比较发现，泄漏和谱间干扰是一对矛盾的现象。在截取长度一定的情况下，如果要改善泄漏，就要提高谱线密度而增大分辨率，这势必会增大谱间干扰；如果要改善谱间干扰，就要降低谱线密度而减小分辨率，这又会增大泄漏。因此在对系统进行分析和设计时，要抓住矛盾的主要方面，分析具体是哪一类截断效应占主导，然后再去进行处理。

✍ 项目小结

（1）离散傅里叶变换是数字信号处理中核心的数学工具。任何信号要用计算机进行处理，都必须先经过离散傅里叶变换以实现频域的离散化。因此在工程实践中离散傅里叶变换（包括其各种快速算法）具有很重要的价值。

（2）离散傅里叶的性质通常与"循环"有关，如循环移位特性、循环卷积、隐含周期性等，而理解这些性质的关键在于理解离散傅里叶变换公式的意义。在离散傅里叶变换的公式中，其实存在 n 和 k 两个变量，分别是时域和频域的离散采样参数。正确理解了两个参数的意义，则离散傅里叶变换的意义及其原理也就不难理解了。

（3）从本质上来说，连续信号傅里叶变换、序列傅里叶变换、离散傅里叶级数、离散傅里叶变换都是傅里叶变换对于不同变换对象的不同表现形式。

因此离散傅里叶变换公式的求解与前面几个项目中介绍的序列傅里叶变换和 z 变换的求解过程大体上都是一致的，通常都包括公式代入、序列化简、等比数列求和、欧拉变换、三角变换等几个步骤。当然，也可根据实际情况省略其中的一步或几步。

（4）离散傅里叶变换的应用非常广泛，本书仅列举了其中的一小部分。其中关于近似性、误差问题、参数运算等的讨论看上去比较琐碎，但是只要对参数选择的几个原则公式加以理解，思路就很明晰了。而对于原则公式的理解，归根结底还是对离散傅里叶变换表达式的理解。

📖 项目实训

一、离散傅里叶变换的计算与显示

调用 fft 函数可以比较容易地得到有限长序列的离散傅里叶变换。

【实训】已知 $x(n) = R_8(n)$，试求其 64 点离散傅里叶变换，并在 $[0, 2\pi]$ 上显示其特性曲线。

MATELAB 程序：

```
xn=[1 1 1 1 1 1 1 1];
Xk64=fft(xn,64);
k=0:63；wk=2*k/64;
subplot(3,2,2)；stem(wk,abs(Xk64),'.');
title('64 点 DFT 的幅频特性图')；xlabel('ω/π')；ylabel('幅度')
subplot(3,2,6)；stem(wk,angle(Xk64),'.');
title('64 点 DFT 的相频特性图')
xlabel('ω/π')；ylabel('相位')；axis([0,2,-3.5,3.5])
```

运行结果：

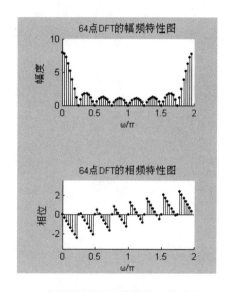

64 点离散傅里叶变换的特性曲线

二、离散傅里叶变换的性质

【实训】验证式（4.4.5）所示的时域循环移位定理。

MATELAB 程序：

```
x = [0 2 4 6 8 10 12 14 16];
N = length(x)-1；n = 0:N;
y = circshift(x,5);
XF = fft(x);
YF = fft(y);
subplot(2,2,1)
stem(n,abs(XF))；grid
title('原离散傅里叶变换的幅频特性');
```

```
subplot(2,2,2)
stem(n,abs(YF))；grid
title('循环移位后离散傅里叶变换的幅频特性');
subplot(2,2,3)
stem(n,angle(XF))；grid
title('原离散傅里叶变换的相频特性');
subplot(2,2,4)
stem(n,angle(YF))；grid
title('循环移位后离散傅里叶变换的相频特性');
```

运行结果：

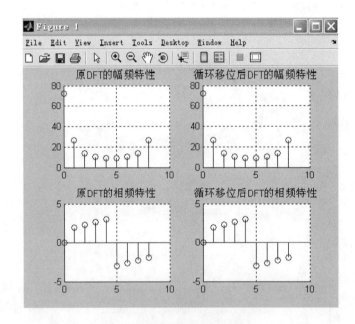

验证时域循环移位定理的显示图

【实训】将一个实周期序列 $x(n)$ 偶数部分的离散傅里叶变换、奇数部分的离散傅里叶变换与该序列自身的离散傅里叶变换进行对照比较，进而验证对称性。

MATELAB 程序：

```
x = [1 2 4 2 6 32 6 4 2 zeros(1,247)];
x1 = [x(1) x(256:-1:2)];
xe = 0.5 *(x + x1);
XF = fft(x);
XEF = fft(xe);
clf;
k = 0:255;
subplot(2,2,1);
```

```
plot(k/128,real(XF));    grid;
ylabel('幅度');
title('Re(DFT\{x[n]\})');
subplot(2,2,2);
plot(k/128,imag(XF));    grid;
ylabel('幅度');
title('Im(DFT\{x[n]\})');
subplot(2,2,3);
plot(k/128,real(XEF));    grid;
xlabel('n');  ylabel('幅度');
title('Re(DFT\{x_{e}[n]\})');
subplot(2,2,4);
plot(k/128,imag(XEF));    grid;
xlabel('n');  ylabel('幅度');
title('Im(DFT\{x_{e}[n]\})');
```

运行结果：

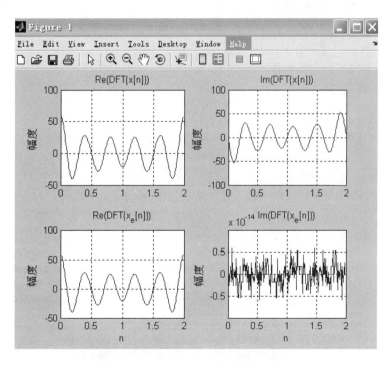

验证离散傅里叶变换对称性的显示图

三、离散傅里叶变换谱分析

使用 MATLAB 进行离散傅里叶变换谱分析，其实质就是先产生序列向量，再进行离散傅里叶变换，最后计算出波形。

【实训】已知 $x(n) = 0.6^n R_8(n)$，试进行离散傅里叶变换谱分析，频率分辨率为 0.02π。

根据分辨率可以算出 $N \geq 100$，取 N 为 100。由于本例中频谱变化缓慢，因此即使取 N 的数值再小一些，如取 $N=32$，特性曲线差别也不大。

MATELAB 程序：

```
N1=100；N2=32；
n=0:7；
xn=0.6.^n；
Xk1=fft(xn,N1)；
Xk2=fft(xn,N2)；
k=0:N1-1；wk=2*k/N1；
subplot(3,2,1)；plot(wk,abs(Xk1))；
title('100 点 DFT 的幅频特性图')；xlabel('ω/π')；ylabel('幅度')
subplot(3,2,5)；plot(wk,angle(Xk1))；
title('100 点 DFT 的相频特性图')；
xlabel('ω/π')；ylabel('相位')；
k=0:N2-1；wk=2*k/N2；
subplot(3,2,2)；plot(wk,abs(Xk2))；
title('32 点 DFT 的幅频特性图')；xlabel('ω/π')；ylabel('幅度')
subplot(3,2,6)；plot(wk,angle(Xk2))；
title('32 点 DFT 的相频特性图')
xlabel('ω/π')；ylabel('相位')；
```

运行结果：

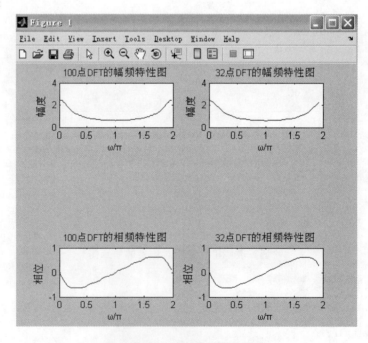

离散傅里叶变换谱分析显示图

✎ 习　题

4.1　计算下列序列的 N 点离散傅里叶变换，变换区间为 $0 \leqslant n \leqslant N-1$。

（1）$x(n)=1$

（2）$x(n)=\delta(n)$

（3）$x(n)=\delta(n-n_0)$，$0 \leqslant n_0 \leqslant N$

（4）$x(n)=\mathrm{e}^{\mathrm{j}\frac{2\pi}{N}mn}$，$0 \leqslant m \leqslant N$

（5）$x(n)=\cos\left(\dfrac{2\pi}{N}nm\right)$，$0 < m < N$

（6）$x(n)=n\,R_N(n)$

（7）$x(n)=\cos(\omega_0 n)\cdot R_N(n)$

（8）$x(n)=\sin(\omega_0 n)\cdot R_N(n)$

（9）$x(n)=\mathrm{e}^{\mathrm{j}\omega_0 n}\,R_N(n)$

4.2　已知 $x(n)$ 为 $\{1,\ 1,\ 3,\ 2\}$，试画出 $x((-n))_5$，$x((-n))_6 R_6(n)$，$x((n-3))_5 R_5(n)$。

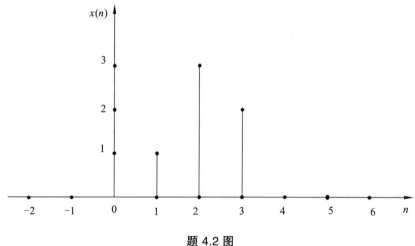

题 4.2 图

4.3　已知序列 $X(k)$，求 $x(n)=\mathrm{IDFT}[x(k)]$。

$$X(k)=\begin{cases}\dfrac{N}{2}\mathrm{e}^{\mathrm{j}\theta}, & k=m \\[2mm] \dfrac{N}{2}\mathrm{e}^{-\mathrm{j}\theta}, & k=N-m \\[4mm] 0, & 其他k\end{cases}$$

4.4　已知一个有限长序列 $x(n)=\delta(n)+2\delta(n-5)$；

（1）求它的 10 点离散傅里叶变换 $X(k)$；

（2）已知序列 $y(n)$ 的 10 点离散傅里叶变换为 $Y(k)=W_{10}^{2k}X(k)$，求序列 $y(n)$；

（3）已知序列 $m(n)$ 的 10 点离散傅里叶变换为 $M(k)=X(k)Y(k)$，求序列 $m(n)$。

4.5 一个 8 点序列 $x(n)$ 的 8 点离散傅里叶变换 $X(k)$ 如题 4.5 图所示。在 $x(n)$ 的每两个取样值之间插入一个零值，得到一个 16 点序列 $y(n)$，即

$$y(n) = \begin{cases} x\left(\dfrac{n}{2}\right), & n\text{为偶数} \\ 0, & n\text{为奇数} \end{cases}$$

（1）求 $y(n)$ 的 16 点离散傅里叶变换 $Y(k)$，并画出 $Y(k)$ 的图形。

（2）设 $X(k)$ 的长度 N 为偶数，且有 $X(k) = X(N-1-k), k = 0,1,\cdots,\dfrac{N}{2}-1$，求 $x\left(\dfrac{N}{2}\right)$。

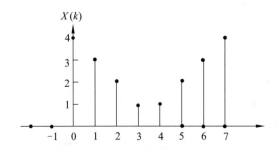

4.6 如果 $X(k)=\mathrm{DFT}[x(n)]$，证明离散傅里叶变换的初值定理：

$$X(0) = \frac{1}{N}\sum_{k=0}^{N-1} X(k)$$

4.7 设 $X(k)$ 表示长度为 N 的有限长序列 $x(n)$ 的离散傅里叶变换。

（1）证明：如果 $x(n)$ 满足关系式

$$x(n) = -x(N-1-n)$$

则　　　　　　　　　$X(0)=0$

（2）证明：当 N 为偶数时，如果
$$x(n) = x(N-1-n)$$

则　　　　　　　　　$X\left(\dfrac{N}{2}\right)=0$

4.8 设 $\mathrm{DFT}[x(n)] = X(k)$，证明 $\mathrm{DFT}[X(k) = Nx(N-n)]$。

4.9 证明：若 $x(n)$ 为实偶对称，即 $x(n) = x(N-n)$，则 $X(k)$ 也为实偶对称。

4.10 一个长度为 $N_1=100$ 点的序列 $x(n)$ 与一长度为 $N_2=64$ 点的序列 $h(n)$ 用 $N=128$ 点的离散傅里叶变换计算循环卷积时，哪些 n 点上的循环卷积等于线性卷积?

4.11 有两个有限长序列 $x(n)$ 和 $y(n)$ 的零值区间为

$$x(n)=0, \quad n<0, \quad 8\leqslant n$$
$$y(n)=0, \quad n<0, \quad 20\leqslant n$$

对每个序列做 20 点离散傅里叶变换，即

$$X(k)=\mathrm{DFT}[x(n)], \quad k=0, 1, 2, \cdots, 19$$
$$Y(k)=\mathrm{DFT}[y(n)], \quad k=0, 1, 2, \cdots, 19$$

如果　　　　$F(k)=X(k) \cdot Y(k), \quad k=0, 1, 2, \cdots, 19$

$$f(n)=\text{IDFT}[F(k)], \qquad k=0, 1, 2, \cdots, 19$$

请问哪些点上 $f(n)=x(n)*y(n)$？为什么？

4.12　已知长度为 $N=10$ 的两个有限长序列：

$$x_1(n)=\begin{cases}1, & 0\leqslant n\leqslant 4 \\ 0, & 5\leqslant n\leqslant 9\end{cases}; \quad x_2(n)=\begin{cases}1, & 0\leqslant n\leqslant 4 \\ -1, & 5\leqslant n\leqslant 9\end{cases}$$

作图表示 $x_1(n)$、$x_2(n)$ 和 $y(n)=x_1(n)\circledast x_2(n)$。

4.13　若 $X(k)=\text{DFT}[x(n)]$，$Y(k)=\text{DFT}[y(n)]$，$Y(k)=X((k+l))_N \cdot R_N(k)$，证明

$$y(n)=\text{IDFT}[Y(k)]=W_N^{ln}x(n)$$

4.14　用计算机对实数序列做谱分析时，要求谱分辨率 $F\leqslant 10\ \text{Hz}$，信号最高频率为 $f_c=2.5\ \text{kHz}$，试确定以下参数：

（1）最小记录时间 $T_{P\min}$；

（2）最大采样间隔 $T_{\max}$；

（3）最少采样点数 $N_{\min}$；

（4）在 f_c 不变的情况下，将频率分辨率提高一倍的最少采样点数和最小记录时间。

4.15　已知调幅信号的载波频率 f_c 为 $1\ \text{kHz}$，调幅信号频率为 $f_m=100\ \text{Hz}$，用 DFT 对其进行谱分析，试求：

（1）最小记录时间 $T_{P\min}$；

（2）最低采样频率 $f_{s\min}$；

（3）最少采样点数 $N_{\min}$。

4.16　（1）模拟数据以 $10.24\ \text{kHz}$ 速率取样，且计算了 1024 个取样的离散傅里叶变换，求频谱取样之间的频率间隔。

（2）以上信号经取样处理以后，又进行了离散傅里叶反变换，求离散傅里叶反变换后抽样点的间隔是多少？整个 1024 点的时宽为多少？

4.17　什么叫作"系统传输函数"？

项目五　快速傅里叶变换

项目要点：

① 快速傅里叶变换基本原理；

② 基 2FFT 算法：时域抽取法与频域抽取法；

③ 运算量的比较。

通过项目四的学习，我们知道：离散傅里叶变换是数字信号处理中非常重要的变换。离散傅里叶变换在 FIR 滤波器的设计、通信、图像传输、雷达、声呐，以及系统的分析和实现中有着广泛的应用。但是，由于直接计算离散傅里叶变换的运算量太大，即使使用电子计算机也很难在给定的时间内将结果运算出来，所以在相当长的一段时间里，离散傅里叶变换并没有在实际中得到充分的运用。

直到 1965 年，库力（ J. W. Coody ）和图基（ J. W. Tuky ）在《计算机数学》（ Math. Computation, Vol.19, 1965 ）上发表了著名的论文《机器计算傅里叶级数的一种算法》，提出了离散傅里叶变换的一种快速算法。此后又相继出现了桑德（ G. Sand ）-图基等快速算法，使离散傅里叶变换的运算速度大为提高，并逐渐形成了一种效率高、速度快的新运算方法，此即为本章将要介绍的快速傅里叶变换（ FFT, Fast Fourier Transform ）。这种算法简化了离散傅里叶变换的计算，使离散傅里叶变换在实际中得到了充分的运用。

由于科学的发展和人们的探索，快速傅里叶变换的算法体系已经不断成熟，现在包括了基 2FFT 算法、哈特莱变换及其快速算法和分裂基快速傅里叶变换算法等。本文主要介绍的是基 2FFT 算法。

子项目一　离散傅里叶变换常规算法的运算量

设 $x(n)$ 为 N 点有限长序列，其离散傅里叶变换为

$$X(k)=\sum_{n=0}^{N-1}x(n)W_N^k, \ k=0, \ 1, \ \cdots, \ N\text{-}1 \tag{5.1.1}$$

一般，$x(n)$ 和 W_N^k 都是复数，因此，每计算一个 k 值对应的 $X(k)$，要进行 N 次复数相乘（ $x(n)$ 与 W_N^k 相乘），和 $N\text{-}1$ 次复数相加。$X(k)$ 一共有 N 个点，故完成全部运算，需要 N^2 次复数相乘

和 $N(N-1)$ 次复数相加。在这些运算中，乘法比加法复杂，需要的运算时间更多。尤其是复数相乘，每个复数相乘包括 4 个实数相乘和 2 个实数相加。每个复数相加包括 2 个实数相加。例如：

$$X(k) = \sum_{n=0}^{N-1} x(n) W_N^k = \sum_{n=0}^{N-1} \{Re[x(n)] + jIm[x(n)]\} \{Re[W_N^k] + jIm[W_N^k]\}$$

$$= \sum_{n=0}^{N-1} \{Re[x(n)]Re[W_N^k] - Im[x(n)] Im[W_N^k] + j(Re[x(n)]Im[W_N^k] +$$

$$Im[x(n)] Re[W_N^k])\} \qquad\qquad (5.1.2)$$

所以，每计算一个 $X(k)$ 要进行 $4N$ 次实数相乘和 $2N+2(N-1) = 2(2N-1)$ 次实数相加，因此，整个运算需要 $4N^2$ 次实数相乘和 $2N(2N-1)$ 次实数相加。

由此可见，直接计算离散傅里叶变换的乘法次数和加法次数都是和 N^2 成正比的，当 N 很大时，运算量是相当可观的。例如，当 $N=1\,024$ 时，计算离散傅里叶变换所需复数乘法将达到 $1\,048\,576$ 次，像这样高达百万次的运算量给信号的实时处理带来了很大的麻烦，所以，必须改进离散傅里叶变换的运算方法，以减少其运算量。

子项目二　减少离散傅里叶变换运算量的基本途径

通过对离散傅里叶变换运算过程的观察，不难发现其旋转因子 W_N^{nk} 是一个周期函数，它的周期性、对称性和可约性可用来改进运算，提高计算效率。

（1）周期性：

$$W_N^{k+lN} = e^{-j\frac{2\pi}{N}(k+lN)} = e^{-j\frac{2\pi}{N}k} = W_N^k \qquad\qquad (5.2.1)$$

（2）对称性：

$$W_N^{-k} = W_N^{N-k} \text{ 或} [W_N^{N-k}]^* = W_N^k \text{，或 } W_N^{k+N/2} = -W_N^k \qquad (5.2.2)$$

（3）可约性：

$$W_N^{nk} = W_{mN}^{mnk} \text{，} W_N^{nk} = W_{N/m}^{nk/m} \qquad\qquad (5.2.3)$$

由这些性质，我们可以得到

$$W_N^{n(N-k)} = W_N^{-nk} \text{，} W_N^{N/2} = -1 \text{，} W_N^{k+N/2} = -W_N^k \qquad (5.2.4)$$

利用这些周期性、对称性及可约性，离散傅里叶变换中有些项可以合并，把长度为 N 点的长序列离散傅里叶变换分解为若干个短序列的离散傅里叶变换运算。因为离散傅里叶变换的计算量正比于 N^2，N 变小，计算量也就变小，所以大点数序列的离散傅里叶变换可以化为小点数的离散傅里叶变换，运算量大大减小。

快速傅里叶变换的算法即是在这种思路的基础上发展起来的。其中，基 2 快速傅里叶变换算法（即 $N=2^M$ 的快速傅里叶变换）是最常用的。这种算法基本上可以分成两大类，即是时域抽取法快速傅里叶变换（Decimation-In-Time FFT，DIT-FFT）和频域抽取法快速傅里叶变换（Decimation-In-Frequency FFT，DIF-FFT）。

子项目三　基 2 快速傅里叶变换的基本原理

一、时域抽取法快速傅里叶变换（DIT-FFT）的基本原理

先设一序列 $x(n)$，其长度为 N，满足

$$N=2^M, M \text{ 为自然数} \tag{5.3.1}$$

如果不满足这个条件，可以加上若干的零值补充序列的长度，使之达到这一条件。这种 N 为 2 的整数次幂的快速傅里叶变换就叫作基 2FFT。

按照 N 的奇偶性把 $x(n)$ 分为两个长度为 $N/2$ 的子序列：

$$x_1(r)=x(2r), \qquad r=0,1,2,\cdots,\frac{N}{2},-1 \tag{5.3.2}$$

$$x_2(r)=x(2r+1), \qquad r=0,1,2,\cdots,\frac{N}{2}-1 \tag{5.3.3}$$

则可将离散傅里叶变换化为

$$X(k)=\sum_{n=偶数}x(n)W_N^{nk}+\sum_{n=奇数}x(n)W_N^{nk}$$

$$=\sum_{r=0}^{N/2-1}x(2r)W_N^{2rk}+\sum_{r=0}^{N/2-1}x(2r+1)W_N^{(2r+1)k}$$

$$=\sum_{r=0}^{N/2-1}x_1(r)W_N^{2rk}+W_N^k\sum_{r=0}^{N/2-1}x_2(r)W_N^{2rk} \tag{5.3.4}$$

由可约性可得

$$X(k)=\sum_{r=0}^{N/2-1}x_1(r)W_{N/2}^{rk}+W_N^k\sum_{r=0}^{N/2-1}x_2(r)W_{N/2}^{rk}$$

$$=X_1(k)+W_N^kX_2(k), \quad k=0,1\cdots,N-1 \tag{5.3.5}$$

式中，$X_1(k)$ 和 $X_2(k)$ 分别为 $x_1(r)$ 和 $x_2(r)$ 的 $N/2$ 点离散傅里叶变换，即

$$X_1(k)= \sum_{r=0}^{N/2-1}x_1(r)\,W_{N/2}^{rk}=\mathrm{DFT}[x_1(r)] \qquad (5.3.6)$$

$$X_2(k)= \sum_{r=0}^{N/2-1}x_2(r)\,W_{N/2}^{rk}=\mathrm{DFT}[x_2(r)] \qquad (5.3.7)$$

其中，$X_1(k)$ 和 $X_2(k)$ 都是以 $N/2$ 为周期。根据对称性中 $W_N^{k+N/2}=-W_N^k$ ，$X(k)$ 可以表示为

$$X(k)=X_1(k)+W_N^k X_2(k),\ k=0,\ 1,\ \cdots,\ N/2-1 \qquad (5.3.8)$$

$$X(k+N/2)=X_1(k)-W_N^k X_2(k),\ k=0,\ 1,\ \cdots,\ N/2-1 \qquad (5.3.9)$$

这样，就将一个 N 点离散傅里叶变换分解为两个 $N/2$ 点的离散傅里叶变换。只要求出点数从 0 到 $(N/2-1)$ 的所有 X_1 和 $X_2(k)$ 值，即可求出从 0 到 $(N-1)$ 内所有的 $X(k)$ 值，大大减小了运算量。

二、蝶形运算

式（5.3.8）和式（5.3.9）的运算可以用图 5.3.1 所示流图来表示，因其形状呈蝶形故称为蝶形运算符号。流图的表示法我们将在项目五讨论。图中下支路旁边标出的-1 为该支路的传输系数（支路增益），上方支路没有标出系数，表示该支路的传输系数为 1 。

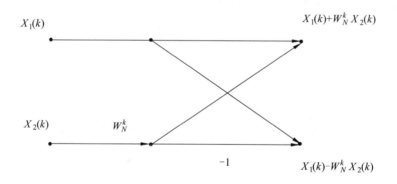

图 5.3.1 时域抽取法蝶形运算流图符号

从图中可以看出，要完成一次蝶形运算，需要一次复数乘法和两次复数加法的运算。采用这种表示法，可以将上面讨论的分解过程表示于图 5.3.2 中。

从图中可以看出，经过一次分解后，计算一个 N 点离散傅里叶变换共需要计算两个 $N/2$ 点离散傅里叶变换和 $N/2$ 个蝶形运算。而计算一个 $N/2$ 点离散傅里叶变换则需要 $(N/2)^2$ 次复数乘法和 $N/2(N/2-1)$ 次复数加法运算。所以，按照图 5.3.2 计算 N 点离散傅里叶变换总共需要 $2(N/2)^2 + 2N/2=N(N+1)/2\approx N^2/2\ (N \geqslant 1)$ 次复数乘法和 $2(N/2)^2 + 2N/2=N^2/2$ 次复数加法运算。由此可见，仅仅经过一次分解，就使运算量减少了近一半。既然如此，由于 $N=2^M$，因而 $N/2$ 仍是偶数，可以进一步把每个 $N/2$ 点子序列再按照其奇偶部分分解为两个 $N/4$ 点子序列。

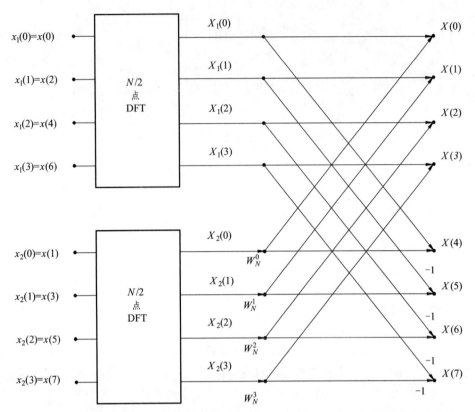

图 5.3.2 时域抽取法将一个 *N* 点离散傅里叶变换分解为两个 *N*/2 离散傅里叶变换

$$x_3(l) = x_1(2l), \qquad l = 0, 1, 2, \cdots, \frac{N}{2} - 1 \tag{5.3.10}$$

$$x_4(l) = x_1(2l+1), \quad l = 0, 1, 2, \cdots, \frac{N}{2} - 1 \tag{5.3.11}$$

则可将 $X_1(k)$ 表示为

$$
\begin{aligned}
X_1(k) &= \sum_{l=0}^{N/4-1} x_1(2l) W_{N/2}^{2lk} + \sum_{l=0}^{N/4-1} x_1(2l+1) W_{N/2}^{(2l+1)k} \\
&= \sum_{l=0}^{N/4-1} x_3(l) W_{N/4}^{lk} + W_{N/2}^{k} \sum_{l=0}^{N/4-1} x_4(l) W_{N/4}^{lk} \\
&= X_3(k) + W_{N/2}^{k} X_4(k), \qquad k = 0, 1, \cdots, N/2-1
\end{aligned}
\tag{5.3.12}
$$

其中

$$X_3(k) = \sum_{l=0}^{N/4-1} x_3(l) W_{N/4}^{lk} = \mathrm{DFT}[x_3(l)] \tag{5.3.13}$$

$$X_4(k) = \sum_{l=0}^{N/4-1} x_4(l) W_{N/4}^{lk} = \mathrm{DFT}[x_4(l)] \tag{5.3.14}$$

同理，由于 $X_3(k)$ 和 $X_4(k)$ 具有周期性，根据对称性可得 $W_{N/2}^{k+N/4} = -W_{N/2}^{k}$ ，最后得到

$$X_1(k) = X_3(k) + W_{N/2}^{k} X_4(k), \ k = 0, 1, \cdots, N/4-1 \tag{5.3.15}$$

$$X_1(k+N/4) = X_3(k) - W_{N/2}^{k} X_4(k), \ k = 0, 1, \cdots, N/4-1 \tag{5.3.16}$$

经过如上第二次分解，又将分解出两个 $N/4$ 点离散傅里叶变换，由这两个 $N/4$ 点离散傅里叶变换组合成一个 $N/2$ 点离散傅里叶变换的流图。

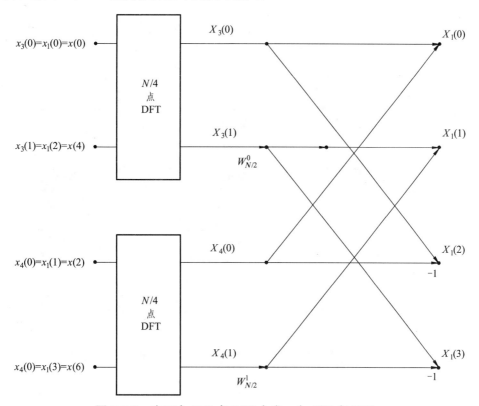

图 5.3.3 由两个 $N/4$ 点 DFT 合成一个 $N/2$ 点 DFT

利用同样的方法，我们可以得到

$$X_2(k)=X_5(k)+W_{N/2}^k X_6(k), k=0,1,\cdots,N/4-1 \tag{5.3.17}$$

$$X_2(k+N/4)=X_5(k)-W_{N/2}^k X_6(k),\ k=0,1,\cdots,N/4-1 \tag{5.3.18}$$

其中

$$X_5(k)=\sum_{l=0}^{N/4-1} x_5(l)W_{N/4}^{lk}=\text{DFT}[x_5(l)] \tag{5.3.19}$$

$$X_6(k)=\sum_{l=0}^{N/4-1} x_6(l)W_{N/4}^{lk}=\text{DFT}[x_6(l)] \tag{5.3.20}$$

$$x_5(l)=x_2(2l),\ l=0,1,2,\cdots,N/4-1 \tag{5.3.21}$$

$$x_6(l)=x_2(2l+1),\ l=0,1,2,\cdots,N/4-1 \tag{5.3.22}$$

图 5.3.4 给出了 8 点离散傅里叶变换的第二次时域抽取分解图。图 5.3.5 给出了一个完整的 8 点 DIT-FFT 运算流图，其中将旋转因子统一为

$$W_{N/2}^k=W_N^{2k}$$

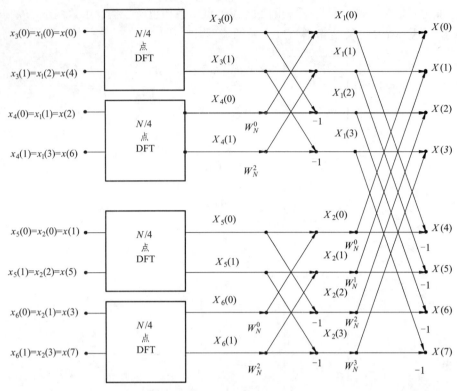

图 5.3.4 时域抽取法将一个 N 点离散傅里叶变换分解为四个 $N/4$ 点离散傅里叶变换

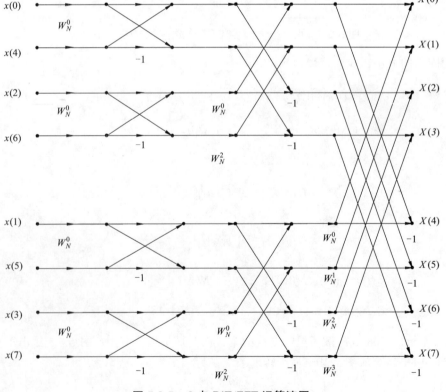

图 5.3.5 8 点 DIT-FFT 运算流图

经过上面的分析我们知道，可以利用四个 $N/4$ 点的离散傅里叶变换及两组蝶形组合运算来计算 N 点离散傅里叶变换，这比只用一次分解蝶形组合方式的计算量又减少了大约一半。以此类推，经过 $M-1$ 次分解，最后将 N 点离散傅里叶变换分解成 $N/2$ 个 2 点离散傅里叶变换。

三、频域抽取法快速傅里叶变换（DIF-FFT）的基本原理

我们在这里讨论另一种快速傅里叶变换算法，即频域抽取法快速傅里叶变换，它是把输出序列 $X(k)$ 按其顺序的奇偶分解为越来越短的序列。

设序列 $x(n)$ 的长度为 $N=2^M$，M 为自然数。在把输出 $X(k)$ 按 k 的奇偶性分组之前，先把 $x(n)$ 按照 n 的顺序分成前后两半：

$$X(k)=\text{DFT}[x(n)]=\sum_{n=0}^{N-1} x(n)\,W_N^{nk}$$

$$=\sum_{n=0}^{N/2-1} x(n)\,W_N^{nk} + \sum_{n=N/2}^{N-1} x(n)\,W_N^{nk}$$

$$=\sum_{n=0}^{N/2-1} x(n)\,W_N^{nk} + \sum_{n=0}^{N/2-1} x(n+N/2)\,W_N^{(n+N/2)k}$$

$$=\sum_{n=0}^{N/2-1} [x(n)+W_N^{Nk/2}x(n+N/2)]W_N^{nk},\quad k=0,1,\cdots,N-1 \tag{5.3.23}$$

式中用的是 W_N^{nk}，而不是 $W_{N/2}^{nk}$，因而这并不是 $N/2$ 点离散傅里叶变换。

由于 $W_N^{N/2}=-1$（见式 5.2.4），故 $W_N^{Nk/2}=(-1)^k$，可得

$$X(k)=\sum_{n=0}^{N/2-1} [x(n)+(-1)^k x(n+N/2)]W_N^{nk},\quad k=0,1,\cdots,N-1 \tag{5.3.24}$$

当 k 为偶数时，$(-1)^k=1$；当 k 为奇数时，$(-1)^k=-1$。因此，按 k 的奇偶性可将 $X(k)$ 分为偶数组与奇数组。当 k 取偶数（$k=2r$，$r=0,1,\cdots,N/2-1$）时，有

$$X(2r)=\sum_{n=0}^{N/2-1} [x(n)+x(n+N/2)]W_N^{2nr} = \sum_{n=0}^{N/2-1} [x(n)+x(n+N/2)]W_{N/2}^{nr} \tag{5.3.25}$$

当 k 取奇数（$k=2r+1$，$r=0,1,\cdots,N/2-1$）时，有

$$X(2r+1)=\sum_{n=0}^{N/2-1} [x(n)-x(n+N/2)]W_N^{n(2r+1)}$$

$$=\sum_{n=0}^{N/2-1} [x(n)-x(n+N/2)]W_N^n\,W_{N/2}^{nr} \tag{5.3.26}$$

令　　　　　　$x_1(n)=x(n)+x(n+N/2)$，$n=0,1,\cdots,N/2-1$ $\tag{5.3.27}$

$$x_2(n)=[x(n)-x(n+N/2)]W_N^n,\ n=0,1,\cdots,N/2-1 \tag{5.3.28}$$

则
$$X(2r)= \sum_{n=0}^{N/2-1} x_1(n)W_{N/2}^{nr} \qquad (5.3.29)$$

$$X(2r+1)= \sum_{n=0}^{N/2-1} x_2(n)W_{N/2}^{nr} \qquad (5.3.30)$$

式(5.3.29)与式(5.3.30)式表明：将 $X(k)$ 按照 k 值的奇偶性分组后，其偶数组是 $x_1(n)$ 的 $N/2$ 点离散傅里叶变换，奇数组是 $x_2(n)$ 的 $N/2$ 点离散傅里叶变换。$x_1(n)$、$x_2(n)$ 和 $x(n)$ 的运算关系可以用图 5.3.6 所示的蝶形运算来表示。

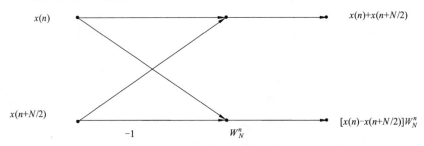

图 5.3.6　频域抽取法蝶形运算流图符号

这样，我们就可以将一个 N 点离散傅里叶变换按照奇偶性分解为两个 $N/2$ 点的离散傅里叶变换了。图 5.3.7 给出了 $N=8$ 时一次分解的运算流图。

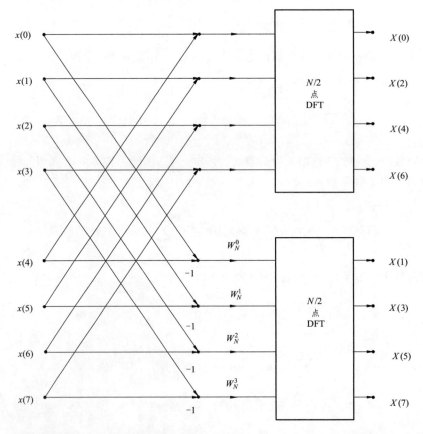

图 5.3.7　频域抽取法将一个 N 点离散傅里叶变换分解为两个 $N/2$ 点离散傅里叶变换组合（$N=8$）

　　与时域抽取法的推导过程一样，由于 $N=2^M$，$N/2$ 仍然是一个偶数，因而可以将每个 $N/2$ 点离散傅里叶变换的输出再分解为偶数组和奇数组，这就将 $N/2$ 点离散傅里叶变换进一步分解为两个 $N/4$ 点离散傅里叶变换。这两个 $N/4$ 点离散傅里叶变换的输入也是先将 $N/2$ 点离散傅里叶变换的输入对半分开后通过蝶形运算而形成。图 5.3.8 表示出了这一步的分解过程。

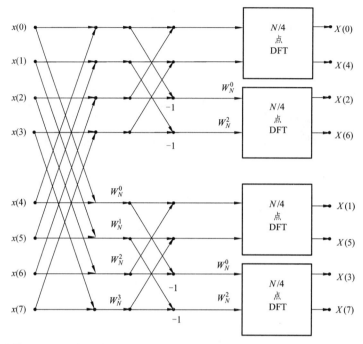

图 5.3.8　频域抽取法将一个 N 点离散傅里叶变换分解为四个 $N/4$ 点离散傅里叶变换（ $N=8$ ）

　　这样的分解可以一直进行到第 M 次（ $N=2^M$ ），第 M 次实际上是做 2 点离散傅里叶变换，它只有加减运算，但是，为了统一运算结构，我们仍然采用旋转因子为 W_N^0 的蝶形运算来表示，这 $N/2$ 个 2 点离散傅里叶变换的 N 个输出构成了 $x(n)$ 的 N 点离散傅里叶变换的结果 $X(k)$。图 5.3.9 表示了一个 $N=8$ 的完整的 DIF-FFT 的运算流图。

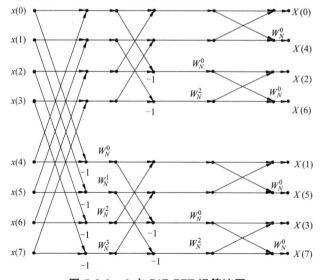

图 5.3.9　8 点 DIF-FFT 运算流图

子项目四   离散傅里叶变换常规算法与
快速算法的运算量比较

在这里我们首先考察 DIT-FFT 的运算量。从 DIT-FFT 算法的分解过程图（见图 5.3.4）及运算流图（见图 5.3.5）中可以看出，当 $N=2^M$ 时，其运算共有 M 级，每一级都由 $N/2$ 个蝶形运算构成。因此，每一级运算都要进行 $N/2$ 次复数乘法和 N 次复数加法（每一个蝶形运算需要两次复数加法），这样 M 级运算总共需要的复数乘法和复数加法次数如下：

复数乘法：

$$C_{M(2)}=\frac{N}{2} \cdot M=\frac{N}{2}\log_2 N \tag{5.4.1}$$

复数加法：

$$C_{A(2)}=N \cdot M=N\log_2 N \tag{5.4.2}$$

直接进行离散傅里叶变换的运算，复数乘法为 N^2 次，复数加法为 $N(N-1)$ 次。

比较一下可以发现，当 $N \geq 1$ 时，$N^2 \geq \frac{N}{2}\log_2 N$，因此 DIT-FFT 算法比直接计算离散傅里叶变换的运算量大大减少。以 $N=2^{10}=1\ 024$ 为例：

$$\frac{N^2}{(N/2)\log_2 N}=\frac{1\ 048\ 576}{5120}=204.8$$

比较而言，运算效率提高了 200 多倍。

图 5.4.1 所示是直接计算离散傅里叶变换与快速傅里叶变换算法所需运算量分别与点数 N 对应的关系曲线，从中可以更为直观地看出快速傅里叶变换算法的优越性，当点数 N 越大时，这种优越性就越明显。

对于 DIF-FFT 算法，我们观察图 5.3.8 可以看出，DIF-FFT 算法与 DIT-FFT 算法类似，共有 M 级运算，每级共有 $N/2$ 个蝶形运算，所以两种算法运算次数相同。不同的是 DIF-FFT 算法输入序列为自然序列，而输出为倒序序列。因此，在 M 级运算后要对输出序列进行倒序排列才能得到自然顺序的 $X(k)$。另外，蝶形运算的运算顺序稍有不同，DIT-FFT 算法为先乘后加（减）法，而 DIF-FFT 算法则为先做加（减）法，后做乘法。

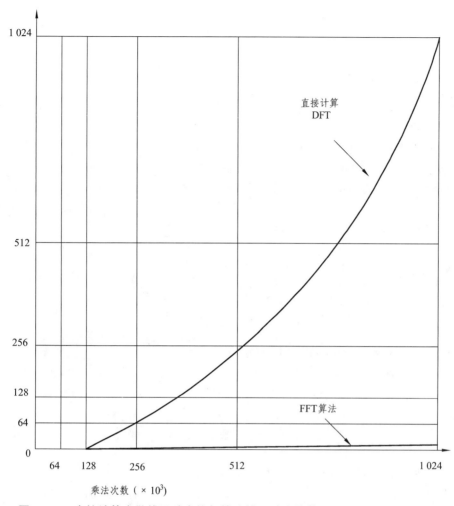

图 5.4.1 直接计算离散傅里叶变换与快速傅里叶变换算法所需乘法次数的比较

✍ 项目小结

　　正弦类变换及其快速算法是信号处理领域研究的重要课题。其进展将对信号分析、图像处理、数据压缩等领域中的变换处理方法产生重要的影响。现在已经提出的快速算法有很多种，而且相关的研究还在不断进行中。由于教学要求及篇幅所限，我们在本章主要讨论了离散傅里叶变换的几种快速算法，主要介绍了经典的基 2DIT-FFT 算法和 DIF-FFT 算法的运算原理及运算量的比较。

📖 项目实训

一、快速傅里叶变换计算线性卷积

调用 fft、conv 函数可以比较容易地完成线性卷积运算。

【实训】已知 $x(n) = R_8(n)$ ，$h(n) = R_4(n)$ ，试求其线性卷积。

MATELAB 程序：

```
xn=ones(1,8);
hn=ones(1,4);
yn=conv(hn,xn);
L=length(yn);ny=0:L-1;
subplot(5,2,1),stem(ny,yn,'.');
ylabel('y(n)');xlabel('n');title('(a) y(n)=h(n)*x(n)')
```

运行结果：

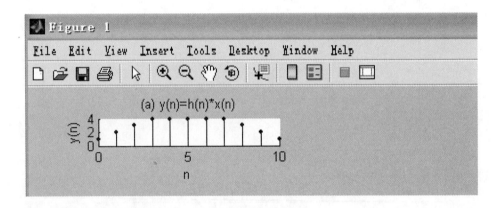

二、快速傅里叶变换验证循环卷积与线性卷积相等条件

项目四中有这样的结论：当 $L \geqslant M+N-1$ 时，$x_1(n) \circledast x_2(n)$ 与 $x_1(n) * x_2(n)$ 的波形完全相同，即线性卷积 $y_1(n) =$ 循环卷积 $y_c(n)$ 。

【实训】已知 $x(n) = R_8(n)$ ，$h(n) = R_8(n)$ ，验证上述结论。

调用 fft、ifft、conv 函数可以比较容易地完成运算。

本例中的 $L=15$，为了验证相关结论，分别求取 $L_1=15$ 和 $L_2=10$ 点时的循环卷积，然后再与原线性卷积进行比较。

MATELAB 程序：

```
xn=ones(1,8);
hn=ones(1,8);
yn=conv(hn,xn);
L=length(yn);ny=0:L-1;
subplot(5,2,1),stem(ny,yn,'.');
ylabel('y(n)');xlabel('n');title('(a) y(n)=h(n)*x(n)')
L1=15;
Xk=fft(xn,L1);
```

```
Hk=fft(hn,L1);
Yck=Xk.*Hk;
ycln=ifft(Yck,L1);
nycl=0:L1-1;
subplot(5,2,5),stem(nycl,ycln,'.');
ylabel('yc(n)');xlabel('n');title('(b) yc(n)=IDFT[H(k)X(k)],L=15')
L2=10;
Xk=fft(xn,L2);
Hk=fft(hn,L2);
Yck=Xk.*Hk;
yc2n=ifft(Yck,L2);
nyc2=0:L2-1;
subplot(5,2,9),stem(nyc2,yc2n,'.');
ylabel('yc(n)');xlabel('n');title('(c) yc(n)=IDFT[H(k)X(k)],L=10')
```

运行结果：

经比较不难发现，当 $L_2=10$ 时发生了时域混叠，此时循环卷积的波形不同于线性卷积。只有当 $L \geqslant M+N-1$ 时二者波形才相同，此时可以用离散傅里叶变换来计算线性卷积。

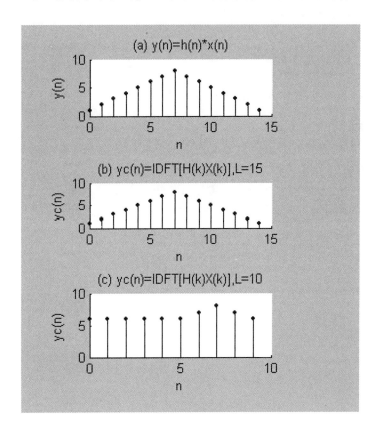

✎ 习 题

5.1　已知一台通用计算机的运行速度为：平均每次复数乘法需要 100 μs，每次复数加法需要 20 μs。现用其计算 $N=1\,024$ 的 $\text{DFT}[x(n)]$，直接运算需要多少时间？用快速傅里叶变换需要多少时间？

5.2　若将通用计算机换成数字信号处理专用单片机 TMS320 系列，则计算复数乘法仅需要 400 ns 左右，计算复数加法仅需要 100 ns，其余条件与题 5.1 中相同，请重新计算采用两种算法所需时间。

5.3　快速傅里叶变换主要利用了离散傅里叶变换定义中的正交完备基函数 $W_N^n(n=0,1,\cdots,N-1)$ 的周期性和对称性，通过将大点数的离散傅里叶变换转换为多个小数点的离散傅里叶变换，实现计算量的降低。请写出 W_N 的周期性和对称性表达式。

5.4　导出 $N=16$ 时基 2 FFT 按照时域抽取的算法，并画出流图。

5.5　按照频域抽取法完成题 5.5 的运算。

5.6　对于长度为 8 点的实序列 $x(n)$，试问如何利用长度为 4 点的快速傅里叶变换计算 $x(n)$ 的 8 点离散傅里叶变换？写出其表达式，并画出简略流图。

5.7　$X[k]$ 是 N 点序列 $x[n]$ 的离散傅里叶变换，N 为偶数。两个 $\dfrac{N}{2}$ 点序列定义为

$$x_1[n]=\frac{1}{2}(x[2n]+x[2n+1])$$

$$x_2[n]=\frac{1}{2}(x[2n]-x[2n+1]),\quad 0\leqslant n\leqslant\frac{N}{2}-1$$

$X_1[k]$ 和 $X_2[k]$ 分别表示序列 $x_1[n]$ 和 $x_2[n]$ 的 $\dfrac{N}{2}$ 点离散傅里叶变换，试由 $X_1[k]$ 和 $X_2[k]$ 确定 $x[n]$ 的 N 点离散傅里叶变换。

5.8　已知两个 N 点实序列 $x(n)$ 和 $y(n)$ 的离散傅里叶变换分别为 $X(k)$ 和 $Y(k)$，现在需要求出序列 $x(n)$ 和 $y(n)$，试用一次 N 点 IFFT 来实现。

5.9　已知长度为 $2N$ 的实序列 $x(n)$ 的离散傅里叶变换 $X(k)$ 的各个数值 $(k=0,1,\cdots,2N-1)$，现在需要由 $X(k)$ 计算 $x(n)$，为了提高效率，请设计用一次 N 点 IFFT 来完成。

5.10　采用快速傅里叶变换，可用快速卷积完成线性卷积，现欲计算线性卷积 $x(n)*h(n)$，试写出采用快速卷积的计算步骤（注意说明点数）。

项目六 滤波器

项目要点：

① 滤波器的概念、分类及其意义；

② 模拟低通巴特沃斯滤波器的设计；

③ 模拟低通滤波器向其他类型模拟滤波器的转换。

子项目一 滤波器概述

一、滤波器的定义

滤波器就是通过一定的运算关系改变输入信号所含频率成分的相对比例或滤除某些频率成分的器件。简单来说，滤波器就是实现调频、滤波功能的运算器件。滤波就是把某种信号处理成另一种信号的过程，而完成这一过程的滤波器就可以看作是一个信号系统。前面几个项目介绍了时域离散信号与系统以及时频转换的各类数学工具。本项目开始介绍的滤波器，就是这样一类特殊的信号系统。

本书重点介绍数字滤波器，也就是输入、输出均为数字信号的滤波器。数字滤波器与模拟滤波器不同，其可以是一种算法，用软件程序来实现，也可以是一种数字信号处理设备，用硬件如加法器、移位器、存储器等来实现其功能。

二、滤波器的分类

1. 经典滤波器与现代滤波器

经典滤波器是假定输入信号中的有用成分和希望滤除的成分各自占据不同的频带，通过滤波器进行分频而实现滤波功能。若信号和噪声的频谱互相重叠，则只能采用现代滤波器来处理。现代滤波器将信号和噪声都视为随机信号，利用它们的统计特征导出一套最佳估值算法，然后用硬件或软件实现。典型的现代滤波器有维纳滤波器、线性预测器、卡尔曼滤波器等。

本书仅介绍经典滤波器。

2. 根据滤波器的选频作用分类

1）低通滤波器

如图 6.1.1 所示，频率为 $0 \sim f_2$ 时，其幅频特性平直。滤波器可以使信号中低于 f_2 的频率成分几乎不受衰减地通过，而高于 f_2 的频率成分受到极大地衰减。

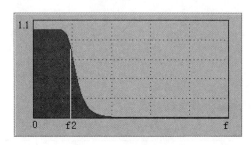

图 6.1.1　低通滤波器截止特性

2）高通滤波器

与低通滤波器相反，频率在 $f_1 \sim \infty$ 时，其幅频特性平直，如图 6.1.2 所示。它使信号中高于 f_1 的频率成分几乎不受衰减地通过，而低于 f_1 的频率成分将受到极大地衰减。

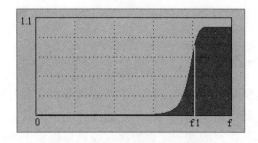

图 6.1.2　高通滤波器截止特性

3）带通滤波器

其通频带为 $f_1 \sim f_2$，如图 6.1.3 所示。它使信号中高于 f_1 而低于 f_2 的频率成分可以不受衰减地通过，而其他成分受到衰减。

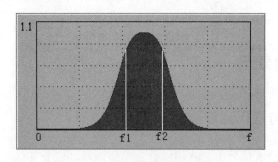

图 6.1.3　带通滤波器截止特性

4）带阻滤波器

与带通滤波相反，其阻带为 $f_1 \sim f_2$，如图 6.1.4 所示。它使信号中高于 f_1 而低于 f_2 的频率成分受到衰减，其余频率成分几乎不受衰减地通过。

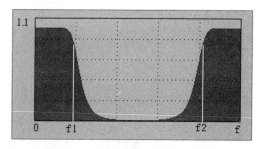

图 6.1.4　带阻滤波器截止特性

综上所述，滤波器从功能上分类，可以分为低通、高通、带通和带阻滤波器。图 6.1.1 ~ 6.1.4 所示频谱都是理想状态，实际是不可能实现的，只是作为逼近法设计滤波器时的逼近标准来用。对于数字滤波器，由于 $e^{j\omega}$ 的周期性，低频谱带处于偶数倍的 π 处，高频谱带处于奇数倍的 π 处。

3. 根据"最佳逼近特性"标准分类

1）巴特沃斯滤波器

若仅对幅频特性提出要求，而不考虑相频特性，则巴特沃斯滤波器具有最大平坦幅度特性，其幅频响应表达式为

$$|H(\omega)| = \frac{1}{\sqrt{1 + (\omega/\omega_n)^{2n}}}$$

2）切比雪夫滤波器

切比雪夫滤波器也是从幅频特性方面提出逼近要求的，其幅频响应表达式为

$$|H(\omega)| = \frac{1}{\sqrt{1 + \varepsilon^2 T_n^2(\omega/\omega_n)}}$$

式中，ε 是决定通带波纹大小的系数，波纹的产生是由于实际滤波网络中含有电抗元件；T_n 是第一类切比雪夫多项式。

与巴特沃斯逼近特性相比较，这种特性虽然在通带内有起伏，但对同样的 n 值在进入阻带以后衰减更陡峭，更接近理想情况。ε 值越小，通带起伏越小，截止频率点衰减的分贝值也越小，但进入阻带后衰减特性变化缓慢。将切比雪夫滤波器与巴特沃斯滤波器进行比较，可以发现，切比雪夫滤波器的通带有波纹，过渡带轻陡直，因此，在不允许通带内有纹波的情况下，巴特沃斯型更可取；从相频响应来看，巴特沃斯型要优于切比雪夫型，前者的相频响应更接近于直线。

3）贝塞尔滤波器

贝塞尔滤波器只考虑相频特性而不关心幅频特性。贝塞尔滤波器又称最平时延或恒时延滤波器。其相移和频率成正比，即满足线性关系。但是它的幅频特性欠佳，从而限制了它的应用

4. IIR 滤波器与 FIR 滤波器

根据滤波器实现的网络结构，可将其分为 IIR（无限脉冲响应）滤波器和 FIR（有限脉冲

响应）滤波器。其系统函数分别如式（6.1.1）和式（6.1.2）所示。

$$H(z) = \frac{\sum\limits_{r=0}^{M} b_r z^{-r}}{1 + \sum\limits_{k=1}^{N} a_k z^{-k}} \qquad (6.1.1)$$

$$H(z) = \sum\limits_{n=0}^{N-1} h(n) z^{-n} \qquad (6.1.2)$$

5. 理想滤波器与实际滤波器

1）理想滤波器

理想滤波器是指能使通带内信号的幅值和相位都不失真，阻带内的频率成分都衰减为零的滤波器，其通带和阻带之间有明显的分界线，具有锐截止的特性，如图 6.2.5 所示。也就是说，理想滤波器在通带内的幅频特性应为常数，相频特性的斜率为常值；在通带外的幅频特性应为零。

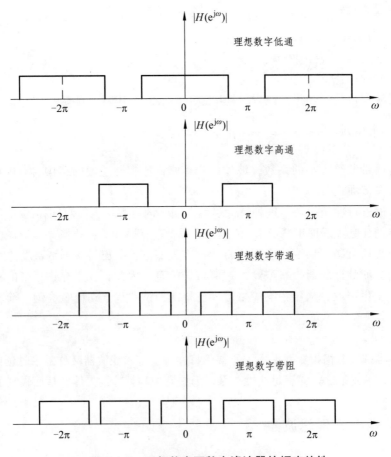

图 6.1.5　理想状态下数字滤波器的幅度特性

理想低通滤波器的频率响应函数为

$$|H(f)| = \begin{cases} A_0, & f_c < f < f_c \\ 0, & \text{其他} \end{cases}$$

$$\varphi(f) = -2\pi f t_0$$

其幅频及相频特性曲线的特点为：脉冲响应的波形沿横坐标左、右无限延伸，具有 sin 函数的形式，因而在 $t=0$ 时刻单位脉冲输入滤波器之前，滤波器就已经有响应了。显然，这是一种非因果关系，在物理上是不能实现的。这说明在截止频率处呈现直角锐变的幅频特性，或者说在频域内用矩形窗函数描述的理想滤波器是不可能存在的。实际滤波器的频域图形不会在某个频率上完全截止，而会逐渐衰减并延伸到∞。

2）实际滤波器

理想滤波器是不存在的，在实际滤波器的幅频特性图中，通带和阻带之间应没有严格的界限。在通带和阻带之间存在一个过渡带。在过渡带内的频率成分不会被完全抑制，只会受到不同程度的衰减。当然，希望过渡带越窄越好，也就是希望对通带外的频率成分衰减得越快、越多越好。因此，在设计实际滤波器时，总是通过各种方法使其尽量逼近理想滤波器。

由图 6.1.5 可见，理想滤波器的特性只需用截止频率描述，而实际滤波器的特性曲线无明显的转折点，两截止频率之间的幅频特性也非常数，故需用更多参数来描述。

（1）纹波幅度 d：在一定频率范围内，实际滤波器的幅频特性可能呈波纹变化，其波动幅度 d 与幅频特性的平均值 A_0 相比，越小越好，一般应远小于-3 dB。

（2）截止频率 f_c：幅频特性值等于 $0.707A_0$ 所对应的频率称为滤波器的截止频率。以 A_0 为参考值，$0.707 A_0$ 对应于-3 dB 点，即相对于 A_0 衰减 3 dB。若以信号的幅值平方表示信号功率，则所对应的点正好是半功率点。

（3）带宽 B 和品质因数 Q：上下两截止频率之间的频率范围称为滤波器带宽，或-3 dB 带宽，单位为 Hz。带宽决定着滤波器分离信号中相邻频率成分的能力——频率分辨力。在电工学中，通常用 Q 代表谐振回路的品质因数。在二阶振荡环节中，Q 值相当于谐振点的幅值增益系数，$Q=1/2\xi$（ξ 为阻尼率）。对于带通滤波器，通常把中心频率 f_0（$f_0 = \sqrt{f_{c1} \cdot f_{c2}}$）和带宽 B 之比称为滤波器的品质因数 Q。例如，一个中心频率为 500 Hz 的滤波器，若其-3 dB 带宽为 10 Hz，则称其 Q 值为 50。Q 值越大，表明滤波器频率分辨力越高。

（4）倍频程选择性 W：在两截止频率外侧，实际滤波器有一个过渡带，这个过渡带的幅频特性曲线倾斜程度表明了幅频特性衰减的快慢，它决定着滤波器对带宽外频率成分衰阻的能力。这一能力通常用倍频程选择性来表征。所谓倍频程选择性，是指在上截止频率 f_{c2} 与 $2f_{c2}$ 之间，或者在下截止频率 f_{c1} 与 $f_{c1}/2$ 之间幅频特性的衰减值，即频率变化一个倍频程时的衰减量。

$$W = -20 \lg \frac{A(2f_{c2})}{A(f_{c2})}$$

倍频程衰减量以 dB/oct 表示（octave 即倍频程）。显然，衰减越快（即 W 值越大），滤波器的选择性越好。对于远离截止频率的衰减率，也可用 10 倍频程衰减数表示，即 dB/10oct。

（5）滤波器因数（或矩形系数）λ：滤波器因数是滤波器选择性的另一种表示方式，它是利用滤波器幅频特性的-60 dB 带宽与-3 dB 带宽的比值来衡量滤波器选择性，记作 λ，即

$$\lambda = \frac{B_{-60\text{dB}}}{B_{-3\text{dB}}}$$

理想滤波器的 $\lambda=1$，常用滤波器的 $\lambda=1\sim5$。显然，λ 越接近于 1，滤波器的选择性越好。

子项目二　滤波器的分析与设计

所谓分析，是一个"有中生无"的过程，遵循的是"结构→原理→功能"的思路，如图 6.2.1 所示。可能给出的结构包括电路图、信号流图等。利用 $H(z)$、$H(\text{e}^{j\omega})$、$h(n)$ 等工具进行分析推导，可得出滤波器的功能，如低通、高通等。

设计则是一个"无中生有"的过程，遵循的是"功能→原理→结构"的思路，如图 6.2.2 所示。根据给出的技术指标，借助前面介绍的各种数学工具，最终应得到滤波器的网络结构，可用信号流图或者系统函数表示。关于系统函数与信号流图的转化以及网络结构的分类等内容将在项目七详细介绍。

本书重点介绍滤波器设计的相关内容。

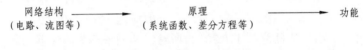

图 6.2.1　滤波器分析的一般思路

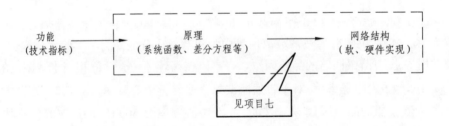

图 6.2.2　滤波器设计的一般思路

子项目三　模拟滤波器的设计概述

一、滤波器设计的基本参数

本书重点介绍数字滤波器的设计，但在此之前有必要先对模拟滤波器的设计进行简要说明。模拟滤波器设计是数字滤波器设计的基础，设计中所涉及的许多概念、思路、参数等与后续的数字滤波器紧密联系，甚至某些数字滤波器（如 IIR 型数字低通滤波器）可以按照一定转换关系从模拟滤波器直接转化而来。

根据图 6.2.2 所示的思路，设计滤波器之前先要确定主要的技术指标。工程实际中不可能出现图 6.1.5 中的理想化幅频特性，而是在通带和阻带中都允许出现一定的误差容限。如图 6.3.1 所示，通带不是完全水平的，阻带也不是绝对衰减到零。图中给出了模拟低通滤波器的设计指标。在设计滤波器时，由于幅频特性各不相同，为了使设计统一，通常要将所有频率归一化。图 6.3.1 中是对零点处的幅度进行归一化处理，即 $|H_a(j0)|=1$。

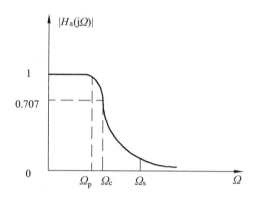

图 6.3.1 模拟低通滤波器的技术指标

（1）通带截止频率 Ω_p：由此通带频率的范围就被限定在 $0 \le \Omega \le \Omega_p$。

（2）通带最大衰减 α_p：幅度归一化后在通带中要求 $\alpha_p < |H_a(j\Omega)| \le 1$，$\alpha_p$ 的单位一般采用 dB，即

$$\alpha_p = -20\lg|H_a(j\Omega_p)| \text{ dB} \tag{6.3.1}$$

（3）阻带截止频率 Ω_s：由此阻带频率的范围就被限定在 $\Omega \ge \Omega_s$。

（4）阻带最小衰减 α_s：幅度归一化后在阻带中要求 $|H_a(j\Omega)| \le \alpha_s$，$\alpha_s$ 的单位一般采用 dB，即

$$\alpha_s = -20\lg|H_a(j\Omega_s)| \text{ dB} \tag{6.3.2}$$

（5）3dB 截止频率 Ω_c：当幅度为 $1/\sqrt{2}$（≈ 0.707）时，设定 $\Omega = \Omega_c$，此时 $-20\lg|H_a(j\Omega_c)| = 3$ dB。

Ω_p、Ω_s 和 Ω_c 统称为边界频率，将整个频带分为了通带、阻带和过渡带。在数字滤波器的设计中，边界频率用 ω_p、ω_s 和 ω_c 来表示。

（6）幅度平方函数 $|H_a(j\Omega)|^2$：

$$|H_a(j\Omega)|^2 = H_a(s)H_a(-s)|_{s=j\Omega} = H_a(j\Omega)H_a^*(j\Omega) \tag{6.3.3}$$

模拟滤波器的理论和设计已经发展得比较成熟，工程实际中就有许多典型模拟滤波器可供选择，如椭圆滤波器、巴特沃斯滤波器、切比雪夫滤波器等。这些典型滤波器都已经具有了严格的设计公式、完备的曲线和图表等，其幅度平方函数也都有自己的表达式，可以直接引用。

二、模拟低通滤波器的设计

本节仅介绍巴特沃斯低通滤波器的设计思路。已知滤波器的主要设计参数 Ω_p、Ω_s、Ω_c、α_p、α_s，则低通巴特沃斯滤波器的设计步骤如下：

1. 确定技术指标

巴特沃斯低通滤波器的幅度平方函数为

$$\left|H_a(\mathrm{j}\Omega)\right|^2 = \frac{1}{1+\left(\dfrac{\Omega}{\Omega_c}\right)^{2N}} \tag{6.3.4}$$

其中，N 是滤波器的阶数。当 $\Omega > \Omega_c$ 时，阶数越大，则幅度下降速度越快，过渡带就越窄。阶数 N 可以通过式（6.3.5）求出：

$$N = -\frac{\lg\sqrt{\dfrac{10^{0.1\alpha_p}-1}{10^{0.1\alpha_s}-1}}}{\lg(\Omega_s/\Omega_p)} \tag{6.3.5}$$

2. 确定归一化极点 p_k

N 阶滤波器有 N 个极点：

$$p_k = \mathrm{e}^{\frac{\mathrm{j}\pi}{2}[1+(2k+1)/N]}, \quad k=0, 1, \cdots, N-1 \tag{6.3.6}$$

3. 确定归一化传输函数 $H_a(p)$

$H_a(p)$ 由归一化极点确定：

$$H_a(p) = \frac{1}{\displaystyle\prod_{k=0}^{N-1}(p-p_k)} \tag{6.3.7}$$

4. 去归一化

令 $\lambda = \dfrac{\Omega}{\Omega_c}$，则 λ 称为归一化频率；令 $p = \mathrm{j}\lambda$，则 p 称为归一化复变量。又由于复变量 $s = \mathrm{j}\Omega$，经整理可知归一化复变量 p 为

$$p = \frac{s}{\Omega_c} \tag{6.3.8}$$

将式（6.3.8）代入式（6.3.7）可以实现去归一化，而得到实际的滤波器传输函数 $H_a(s)$，如式（6.3.9）所示。

$$H_a(s) = \frac{1}{\displaystyle\prod_{k=0}^{N-1}\left(\frac{s}{\Omega_c} - \frac{s_k}{\Omega_c}\right)} \tag{6.3.9}$$

至此已得到传输函数 $H_a(s)$，则巴特沃斯低通滤波器设计完成。但是上述步骤是建立在对 3 dB 截止频率 Ω_c 归一化的前提下的。若技术指标中未给出 Ω_c，就必须通过式（6.3.10）或者式（6.3.11）求出。其中前者确定的 Ω_c 阻带指标有富裕，后者确定的 Ω_c 通带指标有富裕。

$$\Omega_c = \Omega_p (10^{0.1\alpha_p} - 1)^{-\frac{1}{2N}} \tag{6.3.10}$$

$$\Omega_c = \Omega_s (10^{0.1\alpha_s} - 1)^{-\frac{1}{2N}} \tag{6.3.11}$$

巴特沃斯滤波器有比较完善的参数表，具体设计时也可以通过查表获得相应的数据，而不必进行上述烦琐的运算。读者可自行查阅相关资料。

【例 6.3.1】 已知滤波器的参数为：通带截止频率 f_p=5 kHz，通带最大衰减 α_p=2 dB，阻带截止频率 f_s=12kHz，阻带最小衰减 α_s=30 dB。试设计巴特沃斯低通滤波器。（ $\Omega = 2\pi f$，单位为 rad/s）

解：

① 确定技术指标。

将已知参数代入式（6.3.5），求出阶数 N。

$$N = -\frac{\lg\sqrt{\dfrac{10^{\alpha_p/10}-1}{10^{\alpha_s/10}-1}}}{\lg(\Omega_s/\Omega_p)} = -\frac{\lg 0.024\,2}{\lg 2.4} = 4.25$$

计算中出现了 N 带有小数部分的情况，此时应取大于 N 的最小整数，因此取 N=5，所要设计的是一个 5 阶滤波器。

② 确定归一化极点 p_k。

5 阶滤波器有 5 个极点，利用式（6.3.6）计算得

$$s_0 = e^{j\frac{3}{5}\pi}, \quad s_1 = e^{j\frac{4}{5}\pi}, \quad s_2 = e^{j\pi}, \quad s_3 = e^{j\frac{6}{5}\pi}, \quad s_4 = e^{j\frac{7}{5}\pi}$$

经计算，将数据取到小数点后 4 位，得到 5 个极点为：$-0.039 + j0.9511$，$-0.039 - j0.9511$，$-0.809\,0 + j0.587\,8$，$-0.809\,0 - j0.587\,8$，$-1.000\,0$。

以上数据也可查表获得，请读者自行查阅相关资料。

③ 确定归一化传输函数 $H_a(p)$。

将前一步的结果带入式（6.3.7），经过计算及代数转换，得到

$$H_a(p) = \frac{1}{(p^2 + 0.618\,0p + 1)(p^2 + 1.618\,0p + 1)(p + 1)}$$

$$= \frac{1}{p^5 + 3.236\,1p^4 + 5.236\,1p^3 + 5.236\,1p^2 + 3.236\,1p + 1.000\,0}$$

④ 去归一化。

本例中未给出 Ω_c 的值，可先将已知的技术指标代入式（6.3.10），求出 3 dB 截止频率 Ω_c。

$$\Omega_c = \Omega_p (10^{0.1\alpha_p} - 1)^{-\frac{1}{2N}} = 2\pi \times 5.275\,5 \text{ krad/s}$$

然后利用式（6.3.8）进行去归一化，得到实际的滤波器传输函数为

$$H_a(s) = \frac{\Omega_c^5}{s^5 + b_4\Omega_c s^4 + b_3\Omega_c^2 s^3 + b_2\Omega_c^3 s^2 + b_1\Omega_c^4 s + b_0\Omega_c^5}$$

其中

$$b_0 = 1.000\,0, \quad b_1 = b_4 = 3.236\,1, \quad b_2 = b_3 = 5.236\,1, \quad \Omega_c = 2\pi \times 5.275\,5 \text{ krad/s}$$

子项目四　模拟滤波器的转换

一、模拟低通滤波器向模拟高通滤波器的转换

滤波器的转换也是滤波器设计的一个重要途径。我们设计模拟滤波器的时候，总是先设计低通滤波器，然后通过频率转换将低通滤波器变为其他类型的滤波器。

设低通滤波器的传输函数用 $G(s)$ 表示，$s = j\Omega$。令 $\lambda = \dfrac{\Omega}{\Omega_c}$，$\lambda$ 称为低通滤波器的归一化频率；令 $p = j\lambda$，p 称为低通滤波器的归一化复变量。所需高通滤波器的传输函数用 $H(s)$ 表示，$s = j\Omega$。以 η 表示高通滤波器的归一化频率；令 $q = j\lambda$，则 p 称为高通滤波器的归一化复变量。由此高通归一化传输函数表示为 $H(q)$。低通滤波器向高通滤波器转换的关系是：

$$\lambda = \frac{1}{\eta} \tag{6.4.1}$$

或者

$$H(j\eta) = G(j\lambda)\Big|_{\lambda = \frac{1}{\eta}} \tag{6.4.2}$$

高通滤波器的技术指标如图 6.4.1 所示，主要包括：通带下限频率 Ω'_p、阻带上限频率 Ω'_s、通带最大衰减 α_p、阻带最小衰减 α_s。向低通滤波器进行频率转换时按照下列关系进行：

$$\begin{cases} \Omega_p = \dfrac{1}{\Omega'_p} \\ \Omega_s = \dfrac{1}{\Omega'_s} \end{cases} \tag{6.4.3}$$

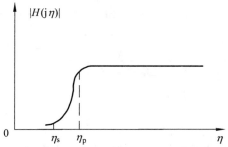

图 6.4.1 模拟高通滤波器的技术指标

模拟高通滤波器的设计思路可以总结如下：

（1）确定技术指标：Ω'_p、Ω'_s、α_p、α_s。

（2）确定相应的低通滤波器的技术指标：Ω_s 和 Ω_p 按照式（6.4.3）求取，α_p 和 α_s 不变。

（3）设计低通归一化滤波器 $G(p)$。

（4）按照式（6.4.1），将 $G(p)$ 转化为高通归一化传输函数 $H(q)$。或者按照式（6.4.4），直接进行去归一化处理，得到实际的模拟高通传输函数 $H(s)$。

$$H(s) = G(p)\Big|_{p=\frac{\Omega_c}{s}} \tag{6.4.4}$$

【例 6.4.1】 已知滤波器的参数为：f_p=200 Hz，幅度特性单调下降，通带最大衰减 α_p=3 dB，f_s=100 Hz，阻带最小衰减 α_s=15 dB。试设计巴特沃斯低通滤波器。（$\Omega = 2\pi f$，单位为 rad/s）

解：

① 确定技术指标。

$$f_p=200 \text{ Hz}, \quad \alpha_p=3 \text{ dB}, \quad f_s=100 \text{ Hz}, \quad \alpha_s=15 \text{ dB}$$

用 Ω_c 作为归一化参考频率，则

$$\eta_p = \frac{f_p}{f_c} = 1, \quad \eta_s = \frac{f_s}{f_c} = 1/2$$

② 确定相应的低通滤波器的技术指标。

$$\lambda_p = \frac{1}{\eta_p} = 1, \quad \lambda_s = \frac{1}{\eta_s} = 2$$

③ 设计低通归一化滤波器 $G(p)$。

设计巴特沃斯滤波器，参照前一节的内容，经计算得到 $N=2.47$，取 N 为 3。

$$G(p) = \frac{1}{p^3 + 2p^2 + 2p + 1}$$

④ 按照式（6.4.4）进行去归一化，得到实际的模拟高通传输函数 $H(s)$。

$$H(s) = G(p)\Big|_{p=\frac{\Omega_c}{s}} = \frac{s^3}{s^3 + 2\Omega_c s^2 + 2\Omega_c^2 s + \Omega_c^3}$$

$$\Omega_c = 2\pi f_p$$

二、模拟低通滤波器向模拟带通滤波器的转换

带通滤波器的技术指标如图 6.4.2 所示，主要包括：通带上限频率 Ω_u、通带下限频率 Ω_l、下阻带上限频率 Ω_{s1}、上阻带下限频率 Ω_{s2}、通带中心频率 Ω_0、通带带宽 B。其中：$\Omega_0^2 = \Omega_l \Omega_u$，$B = \Omega_u - \Omega_l$。一般情况下将 B 作为归一化参考频率，归一化边界频率表示为

$$\eta_{s1} = \Omega_{s1}/B, \quad \eta_{s2} = \Omega_{s2}/B, \quad \eta_l = \Omega_l/B, \quad \eta_u = \Omega_u/B, \quad \eta_0^2 = \eta_l \eta_u$$

带通滤波器与低通滤波器归一化频率 λ 的转换关系为

$$\lambda = \frac{\eta^2 - \eta_0^2}{\eta} \tag{6.4.5}$$

由归一化低通直接转换成带通的计算公式：

$$H(s) = G(p)\Big|_{p=\frac{s^2 + \Omega_l \Omega_u}{s(\Omega_u - \Omega_l)}} \tag{6.4.6}$$

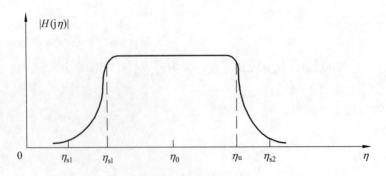

图 6.4.2　模拟带通滤波器的技术指标

三、模拟低通滤波器向模拟带阻滤波器的转换

带阻滤波器的技术指标如图 6.4.3 所示，主要包括：上通带截止频率 Ω_u、下通带截止频率 Ω_l、阻带下限频率 Ω_{s1}、阻带上限频率 Ω_{s2}、阻带中心频率 Ω_0、阻带带宽 B。其中：$\Omega_0^2 = \Omega_l \Omega_u$，$B = \Omega_u - \Omega_l$。一般情况下将 B 作为归一化参考频率，归一化边界频率表示为

$$\eta_{s1} = \Omega_{s1}/B，\quad \eta_{s2} = \Omega_{s2}/B，\quad \eta_l = \Omega_l/B，\quad \eta_u = \Omega_u/B，\quad \eta_0^2 = \eta_l \eta_u$$

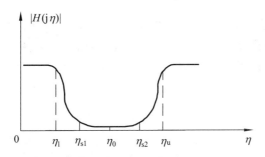

图 6.4.3　模拟带阻滤波器的技术指标

带阻滤波器与低通滤波器归一化频率 λ 的转换关系为

$$\lambda = \frac{\eta}{\eta^2 - \eta_0^2} \tag{6.4.7}$$

由归一化低通直接转换成带通的计算公式：

$$H(s) = G(p) \Big|_{p = \frac{sB}{s^2 + \Omega_0^2}} \tag{6.4.8}$$

子项目五　几种典型模拟滤波器的功能比较

对于滤波器而言，幅频特性表征信号通过滤波器后各频率成分的衰减情况，相频特性表征各频率成分通过滤波器后在时间上的延时情况。即使是两个幅频特性相同的滤波器，若相频特性不同，在输入相同信号的条件下，其输出波形也是不一样的。一般的滤波器技术指标由幅频特性给出。典型的几类模拟滤波器中，如巴特沃斯型、切比雪夫 I 型、切比雪夫 II 型、椭圆滤波器等，设计时主要考虑幅频特性指标。在某些情况下，如语音合成、图像处理等，对于输出波形有要求，则必须考虑相频特性指标。例如，贝塞尔滤波器就是主要考虑逼近线性相位特性的滤波器。

巴特沃斯滤波器具有单调下降的幅频特性，过渡带最宽。切比雪夫滤波器的幅频特性有

波动性，因而选择性较高，过渡带比巴特沃斯型要窄。椭圆滤波器的过渡带最窄。

在相同幅频特性的条件下，巴特沃斯滤波器阶数最高，椭圆滤波器阶数最低。由于阶数主要影响到处理速度和硬件实现的复杂性，因此就幅频特性而言，椭圆滤波器性价比最高，应用也很广泛。

✍ 项目小结

（1）本部分作为滤波器的一个综述性内容，知识点比较琐碎，相关的计算内容也比较繁杂。但其主题只有一个，就是为介绍后续的数字滤波器的设计做好知识铺垫和储备。读者可以先将本章通读，留待后续章节学习时再根据需要回来查阅。

（2）滤波器尤其是数字滤波器，其实并不一定就是一个具体的运算器件，也可以是软件实现的一种运算关系。

所谓滤波器的设计，也并不是一定要根据技术指标造出一个具体的硬件，而是按照要求算出滤波器所实现的运算关系即可。模拟滤波器主要是求出模拟传输函数 $H_a(s)$，数字 IIR 型滤波器要求出系统函数 $H(z)$，数字 FIR 型滤波器主要是选择有限长度的 $h(n)$，使传输函数 $H(e^{j\omega})$ 满足技术要求。

（3）本项目更偏重于讲述模拟滤波器的内容，但模拟部分在全书中并不作为一个重点，因此许多内容都是一带而过甚至未曾涉及。读者可自行查阅其他课外资料作为补充。

📖 项目实训

一、模拟低通巴特沃斯滤波器的设计

一般来说，滤波器设计的第一步是确定适当的阶数和截止频率。设计巴特沃斯滤波器时会用到 MATLAB 中的 buttord 指令来确定这些参数。进行设计时，巴特沃斯滤波器对应 MATLAB 指令 butter；切比雪夫 I 型滤波器对应 cheby1，切比雪夫 II 型滤波器对应 cheby2；椭圆滤波器对应 ellip。

【实训】设计一巴特沃斯模拟低通滤波器，要求幅度特性单调下降，通带截止频率 $f_p = 4.5$ kHz，阻带截止频率 $f_s = 5.5$ kHz，通带最大衰减 $\alpha_p = 0.5$ dB，阻带最小衰减 $\alpha_s = 30$ dB。（$\Omega = 2\pi f$，单位为 rad/s）

MATELAB 程序：

```
Fp = 4500;Fs = 5500;
Wp = 2*pi*Fp; Ws = 2*pi*Fs;
[N,Wn] = buttord(Wp,Ws,0.5,30,'s');
[b,a] = butter(N,Wn,'s');
wa = 0:(3*Ws)/511:3*Ws;
```

```
h = freqs(b,a,wa);
plot(wa/(2*pi),20*log10(abs(h)));grid
xlabel('频率（Hz）');ylabel('幅度（dB）');
axis([0 3*Fs -60 5]);
```

运行结果：

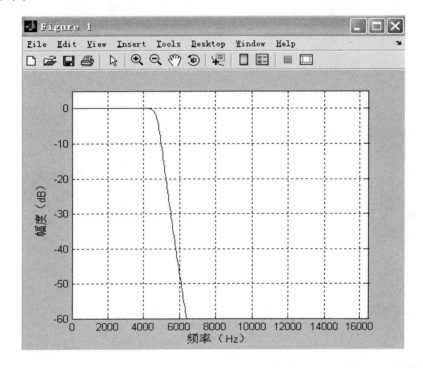

【实训】设计一巴特沃斯模拟低通滤波器，要求幅度特性单调下降，通带截止频率 f_p =1 kHz，阻带截止频率 f_s =5 kHz，通带最大衰减 α_p =1 dB，阻带最小衰减 α_s =40 dB。（ $\Omega = 2\pi f$ ，单位为 rad/s ）

MATELAB 程序：

```
wp=2*pi*1000;ws=2*pi*5000;Rp=1;As=40;
[N,wc]=buttord(wp,ws,Rp,As,'s');
[B,A]=butter(N,wc,'s');
k=0:511;fk=0:6000/512:6000;wk=2*pi*fk;
Hk=freqs(B,A,wk);
subplot(2,2,1);
plot(fk,20*log10(abs(Hk)));grid on
xlabel('频率(Hz)');ylabel('幅度(dB)')
axis([0,6000,-50,1.5])
```

运行结果：

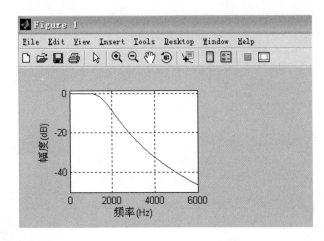

二、模拟滤波器的转换

本项目中介绍了低通滤波器向其他类型滤波器的转换。实际使用 MATLAB 时，可以先设计低通滤波器再进行转换，也可以直接进行设计。例如可以调用 buttord、butter 指令直接设计模拟巴特沃斯高通滤波器、带通滤波器和带租滤波器，调用 ellipord、ellip 指令直接设计椭圆带阻滤波器等。

【实训】设计一巴特沃斯模拟高通滤波器，要求通带下限频率为 4 kHz、阻带上限频率为 1 kHz、通带最大衰减 α_p =0.1 dB、阻带最小衰减 α_s =40 dB。（ $\Omega = 2\pi f$ ，单位为 rad/s）

本例采用的是先设计低通滤波器然后再进行转换的方案。

MATELAB 程序：

```
wp=1;ws=4;Rp=0.1;As=40;
[N,wc]=buttord(wp,ws,Rp,As,'s');
[B,A]=butter(N,wc,'s');
wph=2*pi*4000;
[BH,AH]=lp2hp(B,A,wph);
wk=0:0.01:10;
Hk=freqs(B,A,wk);
subplot(2,2,1);
plot(wk,20*log10(abs(Hk)));grid on
xlabel('归一化频率');ylabel('幅度(dB)')
axis([0,10,-80,5]);title(' 归一化低通损耗函数')
k=0:511;fk=0:6000/512:6000;wk=2*pi*fk;
Hk=freqs(BH,AH,wk);
subplot(2,2,2);
plot(fk,20*log10(abs(Hk)));grid on
xlabel('频率(Hz)');ylabel('幅度(dB)')
axis([0，6000，-80，5]);title('高通滤波器损耗函数')
```

运行结果：

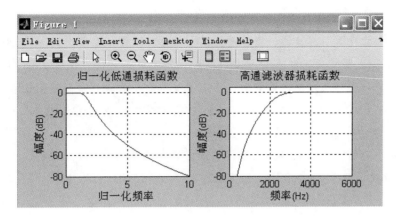

【实训】设计一巴特沃斯模拟带通滤波器，要求阻带上、下边界频率依次为 4 kHz、7 kHz，通带上下边界频率依次为 2 kHz、9 kHz，通带最大衰减 α_p =1 dB，阻带最小衰减 α_s =20 dB。（ $\Omega = 2\pi f$ ，单位：rad/s）

本例采用的是直接设计带通滤波器的方案。

MATELAB 程序：

```
wp=2*pi*[4000,7000];ws=2*pi*[2000,9000];Rp=1;As=20;
[N,wc]=buttord(wp,ws,Rp,As,'s');
[BB,AB]=butter(N,wc,'s');
k=0:511;fk=0:15000/512:15000;wk=2*pi*fk;
Hk=freqs(BB,AB,wk);
subplot(2,2,1);
plot(fk,20*log10(abs(Hk)));grid on
xlabel('频率(Hz)');ylabel('幅度(dB)')
axis([0,15000,-80,5]);title('带通滤波器损耗函数')
```

运行结果：

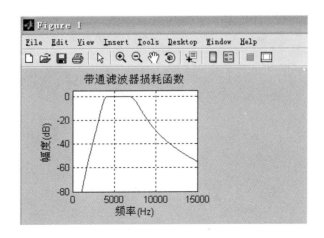

✎ 习　题

6.1　设计一巴特沃斯滤波器，使其满足以下指标：通带截止频率 Ω_p =100 krad/s，通带最大衰减为 α_p =3 dB，阻带截止频率 Ω_s =400 krad/s，阻带最小衰减为 α_s =35 dB。（ $\Omega = 2\pi f$ ）

6.2　试设计一巴特沃斯低通滤波器，已知滤波器的参数为：通带截止频率 f_p =8 kHz，通带最大衰减 α_p =3 dB。阻带截止频率 f_s =12 kHz，阻带最小衰减 α_s =35 dB，求出归一化传输函数 $H_a(p)$ 及实际的 $H_a(s)$ 。

6.3　试设计一巴特沃斯高通滤波器，已知滤波器的参数为： f_p =20 kHz， f_p 处最大衰减 α_p =3 dB，阻带截止频率 f_s =100 Hz，阻带最小衰减 α_s =15 dB。求出该高通滤波器的传输函数 $H(s)$ 。

项目七　时域离散系统基本网络结构

> **项目要点：**
>
> ① 用基本信号流图表示数字滤波器的结构；
> ② 无限长单位冲激响应（IIR）滤波器的基本结构及特点；
> ③ 有限长单位冲激响应（FIR）滤波器的基本结构及特点。

子项目一　基本信号流图

时域离散系统可以用前面几个项目介绍的差分方程、单位脉冲响应、系统函数等形式进行描述。对于计算机或专用硬件来说，每一种形式其实都对应着一种算法，甚至同一种形式的不同类型也分别对应不同的算法。算法的不同直接影响系统的运算误差、运算速度、经济性等指标。

在此，我们可以把时域离散系统的各种描述形式统一起来，用网络结构来表示具体的算法。所谓网络结构，其实就是一种运算结构。网络结构通过信号流图来表示是比较简明的，本项目就是用信号流图表示网络结构。

一个数字滤波器可以表示为

$$H(z) = \frac{\sum_{k=0}^{M} b_k z^{-k}}{1 - \sum_{k=1}^{N} a_k z^{-k}} = \frac{Y(z)}{X(z)} \tag{7.1.1}$$

直接由此式可得出表示关系的常系数线形差分方程为

$$y(n) = \sum_{k=1}^{N} a_k y(n-k) + \sum_{k=0}^{M} b_k x(n-k) \tag{7.1.2}$$

可看出，数字滤波器的功能就是把输入序列通过一定的运算变换成输出序列。可以用以下两种方法来实现数字滤波器：① 把滤波器所要完成的运算编成程序由计算机执行，即采用计算机软件来实现；② 设计专用的数字硬件、专用的数字信号处理器或采用通用的数字信号处理器来实现。

数字信号处理中有三种基本算法：加法、乘法、单位延迟，分别对应着硬件实现的加法器、乘法器、移位器（包括存储器）。三种基本运算的信号流图如图 7.1.1 所示。图中 z^{-1} 和系数 a 都可称为支路增益，若流图中没有明确标明增益，则认为增益是 1。箭头表示信号流的方向。

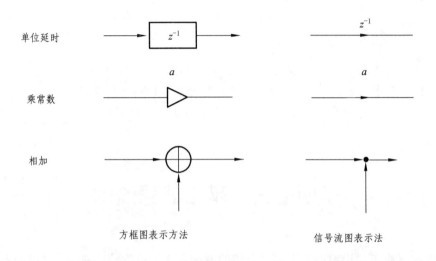

图 7.1.1   基本运算的方框图表示及流图表示

以二阶数字滤波器 $y(n) = a_1 y(n-1) + a_2 y(n-2) + b_0 x(x)$ 为例，其方框图如图 7.1.2 所示。

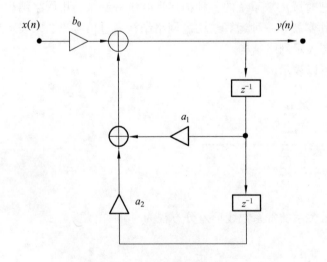

图 7.1.2   二阶数字滤波器的方框图结构

线形信号流图本质上与方框图表示法等效，只是符号有差异。图 7.1.2 所示二阶数字滤波器的等效信号流图结构如图 7.1.3 所示。图中 1、2、3、4、5 称为网络节点，$x(n)$ 处为输入节点或称源节点，表示注入流图的外部信号或信号源，$y(n)$处为输出节点或称阱节点。节点之间用有向支路相连接，每个节点可以有几条输入支路或几条输出支路，任一节点的节点值等于它的所有输入支路的信号之和。而输入支路的信号值等于这一支路起点处节点信号值乘以支路上的传输系数。如果支路上不标传输系数值，则认为其传输系数为1，而延迟支路则用延迟算子 z^{-1} 表示，它表示单位延时。由此可得到图 7.1.3 的各节点值为

$$w_2(n) = y(n)$$

$$w_3(n) = w_2(n-1) = y(n-1)$$

$$w_4(n) = w_3(n-1) = y(n-2)$$

$$w_5(n) = a_1 w_3(n) + a_2 w_4(n) = a_1 y(n-1) + a_2 y(n-2)$$

$$w_1(n) = b_0 x(n) + w_5(n) = b_0 x(n) + a_1 y(n-1) + a_2 y(n-2)$$

源节点没有输入支路，阱节点没有输出支路。如果某个节点有一个输入、一个或多个输出，则此节点相当于分支节点；如果某个节点有两个或两个以上的输入，则此节点相当于相加器。因而节点 2、3、4 相当于分支节点，1、5 相当于相加器。前面我们已经用信号流图（蝶形运算流图）分析了快速傅里叶变换的运算过程，以下我们只采用信号流图来分析数字滤波器的结构。

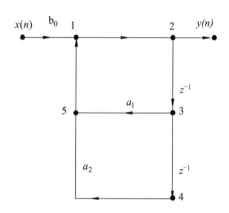

图 7.1.3　二阶数字滤波器的信号流图框图结构

在本项目中我们着重介绍基本信号流图。满足下列三个条件，则称为基本信号流图：
（1）信号流图中的支路增益只能是常数或者单位延迟（ z^{-1} ）。
（2）流图中必须存在延迟支路。
（3）只能存在有限个节点和支路。
由于无限长单位冲激响应（IIR）滤波器与有限长单位冲激响应（FIR）滤波器在结构上各有特点，所以我们分别加以讨论。

子项目二 无限长单位冲激响应（IIR）滤波器的基本结构

无限长单位冲激响应（IIR）滤波器有以下几个特点：

（1）系统的单位冲激响应 $h(n)$ 是无限长的。

（2）系统函数 $H(z)$ 在有限 z 平面（$0<|z|<\infty$）上有极点存在。

（3）结构上是递归型的，即结构上存在着输出到输入的反馈。

但是，同一种系统函数 $H(z)$ 可以有多种不同的结构，它的基本网络结构有直接Ⅰ型，直接Ⅱ型、级联型、并联型四种。

一、直接Ⅰ型

一个 IIR 滤波器的有理系统函数为

$$H(z) = \frac{\sum\limits_{k=0}^{M} b_k z^{-k}}{1 - \sum\limits_{k=1}^{N} a_k z^{-k}} = \frac{Y(z)}{X(z)} \tag{7.2.1}$$

表示这一系统输入、输出关系的 N 阶差分方程为

$$y(n) = \sum\limits_{k=1}^{N} a_k y(n-k) + \sum\limits_{k=0}^{M} b_k x(n-k) \tag{7.2.2}$$

这就表示了一种计算方法。$\sum\limits_{k=0}^{M} b_k x(n-k)$ 表示将输入及延时后的输入，组成 M 节的延时网络，把每节延时抽头后加权（加权系数是 b_k），然后将结果相加，这就得到一个横向结构网络。

$\sum\limits_{k=1}^{N} a_k y(n-k)$ 表示将输出加以延时，组成 N 节的延时网络，再将每节延时抽头后加权（加权系数 a_k），然后将结果相加。$y(n)$ 是将这两个和式相加而构成的。这种结构称为直接Ⅰ型结构，其结构流图如图 7.2.1 所示。由图可见，总的网络是由上面讨论的两部分网络级联组成，第一部分网络实现零点，第二部分网络实现极点。由图还可看出，直接Ⅰ型结构需要 $N+M$ 级延时单元。

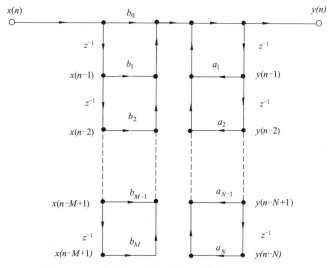

图 7.2.1　实现 N 阶差分方程的直接 I 型结构

二、直接Ⅱ型（典范型）

一个线性移不变系统，若交换其级联子系统的次序，系统函数是不变的，也就是总的输入、输出关系不改变。如图 7.2.2 所示结构有两个级联子网络，第一个实现系统函数的极点，第二个实现系统函数的零点。可以看出，两串行延时支路有相同的输入，因而可以把它们合并，如图 7.2.3 所示，这种结构称为直接Ⅱ型结构或典范型结构。

这种结构，对于 N 阶差分方程只需 N 个延时单元（一般满足 $N \geq M$），因此比直接 I 型的延时单元要少。这也是实现 N 阶滤波器所需的最少延时单元，因而称之为典范型。但是这种结构还是直接型的实现方法，其与直接 I 型的共同缺点是系数 a_k、b_k 对滤波器的性能控制作用不明显，这是因为它们与系统函数的零、极点关系不明显，因而调整困难。此外，这种结构的极点对系数的变化过于灵敏，也就是对有限精度（有限字长）运算过于灵敏，容易出现不稳定或产生较大误差。

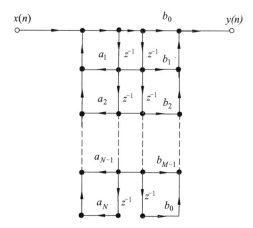

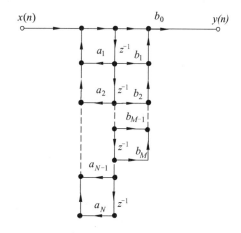

图 7.2.2　直接 I 型的变形，将图 7.2.1 所示网络的零点与极点的级联次序互换

图 7.2.3　直接Ⅱ型结构(典范型结构)

三、级联型

把式 7.2.1 所示的系统函数按零、极点进行因式分解，则可表示成

$$H(z) = \frac{\sum_{k=0}^{M} b_k z^{-k}}{1 - \sum_{k=1}^{N} a_k z^{-k}} = A \frac{\prod_{k=1}^{M_1}(1-p_k z^{-1})\prod_{k=1}^{M_2}(1-q_k z^{-1})(1-q_k^* z^{-1})}{\prod_{k=1}^{N_1}(1-c_k z^{-1})\prod_{k=1}^{N_2}(1-d_k z^{-1})(1-d_k^* z^{-1})} \qquad （7.2.3）$$

式中，$M=M_1+2M_2$，$N=N_1+2N_2$。一阶因式表示实根，p_k 为实零点，c_k 为实极点。二阶因式表示复共轭根，q_k、q_k^* 表示共轭零点，d_k、d_k^* 表示复共轭极点。当 a_k、b_k 为实系数时，上式就是最一般的零、极点分布表示法。把共轭因子组合成实系数的二阶因子，则有

$$H(z) = \frac{\sum_{k=0}^{M} b_k z^{-k}}{1 - \sum_{k=1}^{N} a_k z^{-k}} = A \frac{\prod_{k=1}^{M_1}(1-p_k z^{-1})\prod_{k=1}^{M_2}(1+\beta_{1k}z^{-1})(1+\beta_{2k}z^{-2})}{\prod_{k=1}^{N_1}(1-c_k z^{-1})\prod_{k=1}^{N_2}(1-a_{1k}z^{-1})(1-a_{2k}z^{-2})} \qquad （7.2.4）$$

为了简化形式，在时分多路复用时，采用相同形式的子网络结构就更有意义，因而，将实系数的两个一阶因子组合成二阶因子，则整个 $H(z)$ 就可以完全分解成实系数的二阶因子的形式

$$H(z) = A \prod_k \frac{1+\beta_{1k}z^{-1}+\beta_{2k}z^{-2}}{1-a_{1k}z^{-1}-a_{2k}z^{-2}} = A \prod_k H_k(z) \qquad （7.2.5）$$

级联的节数视具体情况而定。当 $M=N$ 时，共有 $\left[\frac{N+1}{2}\right]$ 节（$\left[\frac{N+1}{2}\right]$ 表示取 $\frac{N+1}{2}$ 的整数部分）。如果有奇数个实零点，则有一个 β_{2k} 等于零；同样，如果有奇数个实极点，则有一个系数 a_{2k} 等于零。每一个一阶、二阶子系统 $H_k(z)$ 被称为一阶、二阶基本节。$H_k(z)$ 是用典范型结构来实现的，如图 7.2.4 所示。整个滤波器则是 $H_k(z)$ 的级联，如图 7.2.5 所示。

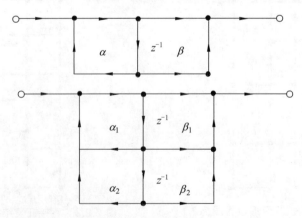

图 7.2.4　级联结构的一阶基本节和二阶基本节结构

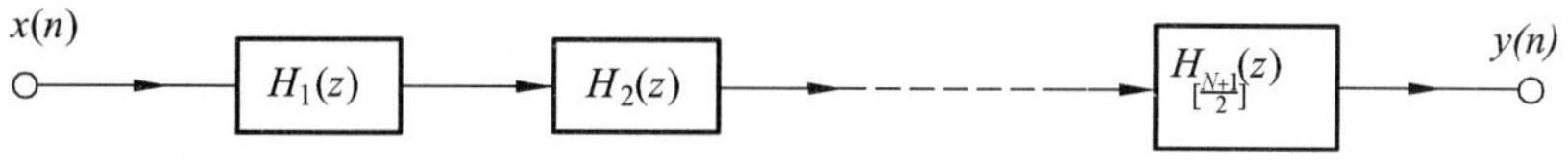

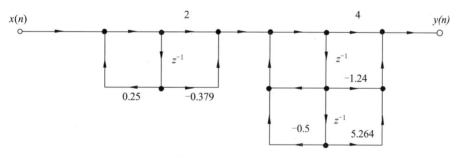

图 7.2.5 级联结构（*M*=*N*）

这种结构，当 $M=N$ 时，分子、分母中二阶因子配合成基本二阶节可以有（$\left[\dfrac{N+1}{2}\right]$）!种，

而各二阶基本节的排列次序，也可以有（$\left[\dfrac{N+1}{2}\right]$）!种，它们都代表同一个系统函数 $H_k(z)$。

级联结构具有最少的存储器。此外，级联型结构对滤波器性能的调整比较方便，调整某一级的传输系数时，只会影响本级内的零、极点，而不会影响其他任一级的零、极点，因而可以独立地控制滤波器的各零、极点的分布。

【例 7.2.1】　设系统函数 $H(z)$ 如下：

$$H(z)=\frac{8-4z^{-1}+11z^{-2}-2z^{-3}}{1-1.25z^{-1}+0.75z^{-2}-0.125z^{-3}}$$

试画出其级联型网络结构。

解：将 $H(z)$ 的分子、分母进行因式分解，得到：

$$H(z)=\frac{(2-0.379z^{-1})(4-1.24z^{-1}+5.26z^{-2})}{(1-0.25z^{-1})(1-z^{-1}+0.5z^{-2})}$$

为减少单位延迟的数目，将一阶的分子、分母多项式组成一个一阶网络，二阶分子分母组成一个二阶网络，结构图如 7.2.6 所示。

图 7.2.6　例 7.2.1 图

四、并联型

将因式分解的 $H(z)$ 展开成部分分式的形式，就得到并联型 IIR 滤波器的表述式。

$$H(z)=\frac{\sum\limits_{k=0}^{M}b_k z^{-k}}{1-\sum\limits_{k=1}^{N}a_k z^{-k}}=\sum\limits_{k=1}^{N_1}\frac{A_k}{1-c_k z^{-1}}+\sum\limits_{k-1}^{N_2}\frac{B_k(1-g_k z^{-1})}{(1-d_k z^{-1})(1-d_k^* z^{-1})}+\sum\limits_{k=0}^{M-N}G_k z^{-k}\quad(7.2.6)$$

这一公式是最一般的表达式。式中 $N=N_1+2N_2$。由于系数 a_k、b_k 是实数，故 A_k、B_k、g_k、c_k、G_k 都是实数，d_k^* 是 d_k 的共轭复数。当 $M<N$ 时，则式（7.2.6）中不包含 $\sum_{k=0}^{M-N} G_k z^{-k}$ 项；如果 $M=N$，则 $\sum_{k=0}^{M-N} G_k z^{-k}$ 项变成 G_0 一项。一般的 IIR 滤波器皆满足 $M\leqslant N$ 的条件。式（7.2.6）表示系统是由 N_1 个一阶系统、N_2 个二阶系统以及延时加权单元并联组合而成的。其结构实现如图 7.2.7 所示，而这些一阶二阶系统都是采用了典范型结构实现。当 $M=N$ 时，$H(z)$ 可表示为

$$H(z)=G_0+\sum_{k=1}^{N_1}\frac{A_k}{1-c_k z^{-1}}+\sum_{k=1}^{N_2}\frac{\gamma_{0k}+\gamma_{1k}z^{-1}}{1-a_{1k}z^{-1}-a_{2k}z^{-2}} \qquad (7.2.7)$$

为了结构上的一致性，以便多路复用，一般将一阶实极点也组合成实系数二阶多项式，并将共轭极点对也化成实系数二阶多项式。当 $M=N$ 时，有

$$H(z)=G_0+\sum_{k=1}^{\left[\frac{N+1}{2}\right]}\frac{\gamma_{0k}+\gamma_{1k}z^{-1}}{1-a_{1k}z^{-1}-a_{2k}z^{-2}} \qquad (7.2.8)$$

可表示成

$$H(z)=G_0+\sum_{k=1}^{\left[\frac{N+1}{2}\right]}H_k(z) \qquad (7.2.9)$$

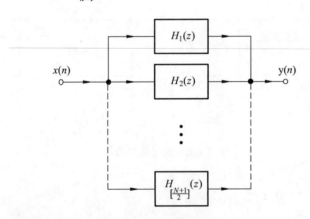

图 7.2.7　并联结构（$M=N$）

并联型结构可以用调整 a_{1k}、a_{2k} 的办法来单独调整一对极点的位置，但是不能像级联型那样单独调整零点的位置。除此之外，各并联节的误差互相没有影响，所以一般来说要比级联型的误差稍小一些。因此，在要求准确的传输零点的场合下，宜采用级联型结构。

【例 7.2.2】　画出例 7.1.1 中的 $H(z)$ 的并联型结构。

解 将例 7.1.1 中的 $H(z)$ 展开成部分分式形式：

$$H(z) = 16 + \frac{8}{1-0.5z^{-1}} + \frac{-16+20z^{-1}}{1-z^{-1}+0.5z^{-2}}$$

将每一部分用直接结构实现，其并联型网络结构如图 7.2.8 所示。

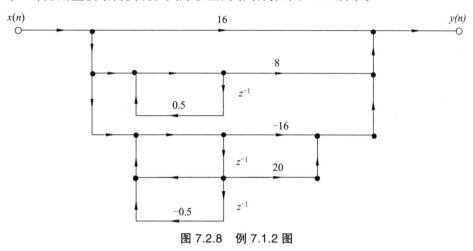

图 7.2.8 例 7.1.2 图

子项目三 有限长单位冲激响应（FIR）
滤波器的基本结构

所谓 FIR 滤波器，是指单位冲激响应 $h(n)$ 是有限长的，因此 FIR 数字滤波器一定是稳定的。经延时，$h(n)$ 总可变成因果序列，所以 FIR 数字滤波器总可以由因果系统实现，$h(n)$ 为有限长。FIR 滤波器并且具备以下几个特点：

（1）系统的单位冲激响应 $h(n)$ 在有限个 n 值处不为零；

（2）系统函数 $H(z)$ 在 $|z|>0$ 处收敛，在 $|z|>0$ 处只有零点。有限 z 平面只有零点，而全部极点都在 $z=0$ 处（因果系统）；

（3）结构上主要是非递归结构，没有输出到输入的反馈，但有些结构中（如频率抽样结构）也包含有反馈的递归部分。

设 FIR 滤波器的单位冲激响应 $h(n)$ 为一个 N 点序列，$0 \leqslant n \leqslant N-1$，则滤波器的系统函数为

$$H(z) = \sum_{n=0}^{N-1} h(n)z^{-n} \qquad (7.3.1)$$

就是说，它有 $N-1$ 阶极点在 $z=0$ 处，有 $N-1$ 个零点位于有限 z 平面的任何位置。

FIR 滤波器有以下几种基本结构。

一、直接型

式（7.3.1）的系统差分方程表达式为

$$y(n) = \sum_{m=0}^{N-1} h(m)x(n-m) \qquad (7.3.2)$$

可以看出，这就是线形移不变系统的卷积和公式，也是 $x(n)$ 的延时链的横向结构，如图 7.3.1 所示，称为直接型结构或横截型结构。

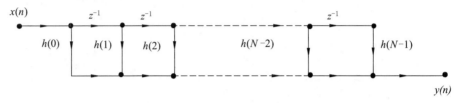

图 7.3.1　FIR 滤波器的直接型结构

二、级联型

将 $H(z)$ 分解成实系数二阶因子的乘积形式：

$$H(z) = \sum_{n=0}^{N-1} h(n)z^{-n} = \prod_{k=1}^{\left[\frac{N}{2}\right]} (\beta_{0k} + \beta_{1k}z^{-1} + \beta_{2k}z^{-2}) \qquad (7.3.3)$$

式中 $\left[\dfrac{N}{2}\right]$ 表示取 $\dfrac{N}{2}$ 的整数部分。若 N 为偶数，则 $N-1$ 为奇数，系数 β_{2k} 中有一个为零。这是因为，这时有奇数个根，其中复数根成共轭对，必为偶数，必然有奇数个实根。

【例 7.3.1】　设 FIR 网络系统函数 $H(z)$ 如下：

$$H(z) = 0.96 + 2.0z^{-1} + 2.8z^{-2} + 1.5z^{-3}$$

画出 $H(z)$ 的直接型结构和级联型结构。

解：将 $H(z)$ 进行因式分解得到

$$H(z) = (0.6 + 0.5z^{-1})(1.6 + 2z^{-1} + 3z^{-2})$$

其直接型结构和级联型结构分别如图 7.3.2（a）和图 7.3.2（b）所示。

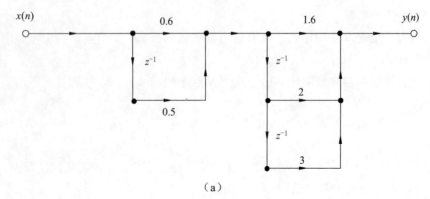

（a）

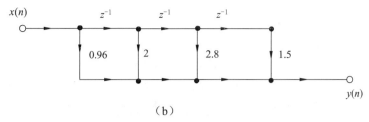

（b）

图 7.3.2 例 7.3.1 图

三、线形相位结构

由于 FIR 系统的单位脉冲响应是有限长，因而很容易做到广义的线性相位，即 FIR 系统的 $h(n)$ 满足以下条件：

$$h(n) = \pm h(N - nL)$$

上式表明，当 FIR 系统的单位脉冲响应具有奇、偶对称形式，就能够实现广义线性相位。

当 N 为偶数时，系统函数为

$$H(z) = \sum_{n=0}^{\frac{N}{2}-1} h(n)\left[z^{-n} \pm z^{-(N-1-n)}\right]$$

当 N 为奇数时，系统函数为

$$H(z) = \sum_{n=0}^{\frac{N}{2}-1} h(n)\left[z^{-n} \pm z^{-(N-1-n)}\right] + h\left(\frac{N-1}{2}\right)z^{-\left(\frac{N-1}{2}\right)}$$

观察上式，运算时先进行方括号中的加法运算，再进行乘法运算，这样就节约了乘法运算。按照上述这两个公式，第一类线性相位网络结构的流图如图 7.3.3 所示，第二类线性相位将结构的流图如图 7.3.4 所示。和直线型结构比较，如果 N 取偶数，直接型需要取 N 个乘法器，而线性相位减少到 $N/2$ 个乘法器，节约了一半的乘法器。N 取奇数，则乘法器减少到（$N-1$）/2 个，也节约了近一半的乘法器。

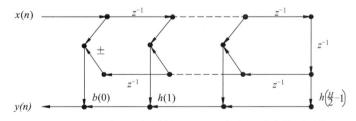

图 7.3.3 N 为偶数时线性相位 FIR 滤波器的直接型结构

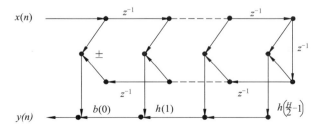

图 7.3.4 N 为奇数时线性相位 FIR 滤波器的直接型结构

四、频率采样结构

频率采样结构是一种用系数将滤波器参数化的实现结构。一个有限长序列可以由相同长度频域采样值唯一确定。前面的知识告诉我们，频率域等间隔采样，相应的时域信号会以采样点数为周期进行周期性延拓，如果在频率域采样点数 N 大于等于原序列的长度 M，则不会引起信号失真。$H(k)$ 与系统函数之间的关系满足：

$$H(z) = \left(\frac{1}{N}\right)\left(1 - z^{-N}\right)\frac{H(k)}{1 - W_N^{-k}Z^{-1}}$$

令 $H_c(z) = 1 - z^{-N}$，$H_k(z) = \dfrac{H(k)}{1 - W_N^{-k}Z^{-1}}$，这样，$H(z)$ 是由梳状滤波器 $H_c(z)$ 和 N 个一阶网络 $H_k(z)$ 的并联结构进行级联而成的，其网络结构（信号流图）如图 7.3.5 所示。$H_c(z)$ 是一个梳状网络，其零点为

$$W_N^{-k} = \exp\left(jk\frac{2\pi}{N}\right), \quad k = 0,\ 1,\ 2,\ \cdots,\ N{-}1$$

刚好和极点一样，等间隔地分布在单位圆上。理论上，极点和零点相互抵消，保证了网络的稳定性。

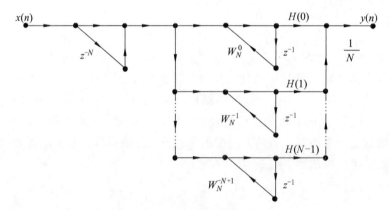

图 7.3.5　FIR 的频率采样结构

相较于前面三种结构，频率采样结构具有以下两个优点：

（1）只要调整 $H(k)$ 即一阶网络中乘法器的系数，就可以有效地调整频响特性，使实际调整方便。

（2）只要 $h(n)$ 的长度 N 相同，对于任何频率响应形状，其梳状滤波器部分和 N 一阶网络部分结构完全相同，只是各支路增益 $H(k)$ 不同。这样，相同部分便于标准化、模块化。

当然频率采样结构也有其固有的缺陷：

（1）系统稳定需要靠位于单位圆上的 N 个零、极点对消来保证。

（2）$H(k)$ 一般为复数，要求乘法器完成复数乘法运算，这对硬件实现来说是不方便的。

为了克服上述缺点，对频率采样结构做以下修正。首先将单位圆上的零、极点向单位圆内收缩一点，收缩到半径为 r 的圆上，取 $r{<}1$ 且 $r{\approx}1$。此时 $H(z)$ 为

$$H(z) = (1 - r^N z^{-N}) \frac{1}{N} \sum_{k=0}^{N-1} \frac{H_r(k)}{1 - rW_N^{-k}z^{-1}}$$

另外，由离散傅里叶变换的共轭对称性知道，如果 $h(n)$ 是实数序列，则其离散傅里叶变换 $H(k)$ 关于 $N/2$ 点共轭对称，即 $H(k) = H(N-k)$ ，则

$$
\begin{aligned}
H_k(z) &= \frac{H(k)}{1 - rW_N^{-k}z^{-1}} + \frac{H(N-k)}{1 - rW_N^{-(N-k)}z^{-1}} \\
&= \frac{H(k)}{1 - rW_N^{-k}z^{-1}} + \frac{H*(k)}{1 - r(W_N^{-k})^*z^{-1}} \\
&= \frac{a_{0k} + a_{1k}z^{-1}}{1 - 2r\cos\left(\frac{2\pi}{N}k\right)z^{-1} + r^2z^{-2}}
\end{aligned}
$$

式中

$$
\begin{cases}
a_{0k} = 2\,\mathrm{Re}[H(k)] \\
a_{1k} = -2\,\mathrm{Re}[rH(k)W_N^k]
\end{cases}
\qquad k = 1, 2, 3, \cdots, \frac{N}{2} - 1
$$

显然，二阶网络 $H_k(z)$ 的系数都为实数，其结构如图 7.3.6（a）所示。当 N 为偶数时，$h(z)$ 可表示为

$$H(z) = (1 - r^N z^{-N}) \frac{1}{N} \left[\frac{H(0)}{1 - rz^{-1}} + \frac{H\left(\frac{N}{2}\right)}{1 + rz^{-1}} + \sum_{k=1}^{\frac{N}{2}-1} \frac{a_{0k} + a_{1k}z^{-1}}{1 - 2\cos\left(\frac{2\pi}{N}k\right)z^{-1} + r^2z^{-2}} \right]$$

式中，$H(0)$ 和 $H\left(\frac{N}{2}\right)$ 为实数。对应的频率采样修正结构由 $N/2-1$ 个二阶网络和两个一阶网络并联构成，如图 7.3.6(b)所示。

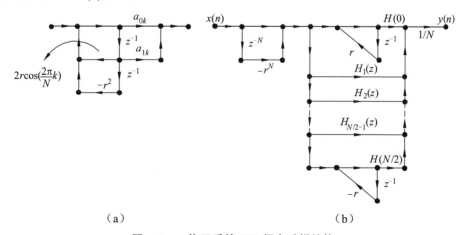

（a）　　　　　　　　　　　　（b）

图 7.3.6 修正后的 FIR 频率采样结构

✍ 项目小结

掌握数字滤波器的网络结构对学习数字滤波器的分析与设计是很重要的。本章主要讲解了数字滤波器的理论基础。研究数字滤波器需要掌握以下两方面内容：

（1）由滤波器网络结构分析其运算功能或频率响应特性。

（2）由滤波器技术指标设计出系统函数 $H(z)$，再由 $H(z)$ 画出实现网络结构。

此外，对同一系统函数 $H(z)$，存在几种不同的实现网络结构，用不同的网络结构实现的滤波器性能，如运算误差、稳定性、有限字长敏感度等也不同。

✎ 习 题

7.1 已知一个离散时间系统由如下差分方程表示：

$$y(n)-\frac{3}{4}y(n-1)+\frac{1}{8}y(n-2)=x(n)$$

（1）画出实现该系统的方框图；

（2）画出实现该系统的信号流图。

7.2 已知系统函数为

$$H(z)=\frac{3+3.6z^{-1}+0.6z^{-2}}{1+0.1z^{-1}-0.2z^{-2}}$$

按照下列形式画出这个系统的信号流图：

（1）直接型；

（2）级联型；

（3）并联型。

7.3 画出题 7.1 所示系统的直接型、级联型、并联型结构的信号流图。

7.4 有人设计了一只数字滤波器，得到其系统函数为

$$H(z)=\frac{0.287\,1-0.446\,6z^{-1}}{1-1.297\,1z^{-1}+0.694\,9z^{-2}}+\frac{-2.142\,8+1.145\,5z^{-1}}{1-1.069\,1z^{-1}+0.369\,9z^{-2}}+$$

$$\frac{1.855\,7-0.630\,3z^{-1}}{1-0.997\,2z^{-1}+0.257\,0z^{-2}}$$

请采用并联型结构实现该系统。

7.5 用级联型及并联型结构实现系统函数

$$H(z)=\frac{2z^3+3z^2-2z}{(z^2-z+1)(z-1)}$$

7.6 设数字滤波器的差分方程为

$$y(n)=(a+b)y(n-1)-ab\,y(n-2)+x(n-2)+(a+b)\,x(n-1)+abx(n)$$

试画出该滤波器的直接型、级联型和并联型结构。

7.7　写出下流图的系统函数和差分方程。

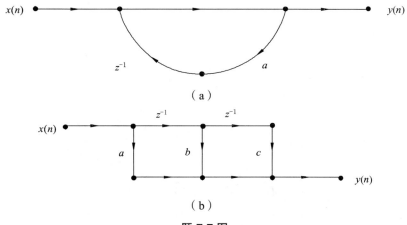

（a）

（b）

题 7.7 图

7.8　写出下列流图的系统函数。

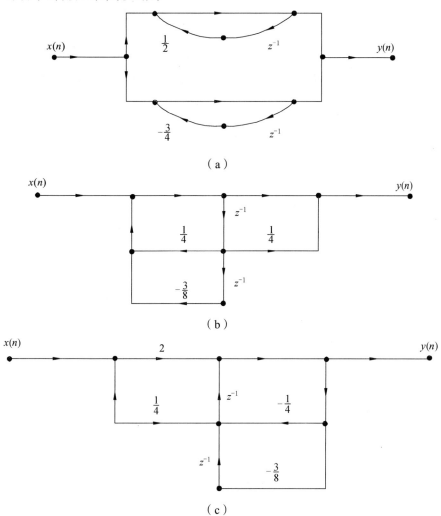

（a）

（b）

（c）

题 7.8 图

7.9 　已知 FIR 滤波器的单位取样响应为

$$h(n) = \left(\frac{1}{2}\right)^n [u(n) - u(n-5)]$$

画出该滤波器的直接型结构。

7.10 　已知 FIR 滤波器的单位冲激响应 $h(n)$ 为 $h(0)=0$，$h(1)=2$，$h(2)=-2$，$h(3)=5$，$h(4)=3$，试画出该滤波器的级联型结构。

7.11 　什么叫作"基本网络结构"？基本网络结构的特点是什么？

7.12 　已知系统函数为

$$H(z) = \frac{4(1-z^{-1})(1-1.414z^{-1}+z^{-2})}{(1-0.5z^{-1})(1+0.9z^{-1}+0.81z^{-2})}$$

求其所有可能的无限长脉冲响应级联型结构。

项目八　数字滤波器的设计

> **项目要点：**
>
> ① 用脉冲响应不变法和双线性变换法设计无限脉冲响应数字滤波器；
> ② 用窗函数法和频率采样法设计有限长脉冲响应数字滤波器；
> ③ IIR 与 FIR 数字滤波器的比较。

子项目一　无限脉冲响应数字滤波器的设计

一、引　言

数字滤波器作为一个系统来讲，完成的是信号处理的功能，通过硬件结构或软件算法来改变输入信号中所含频率成分的相对比例，或滤除掉某些频率分量。因而，从工程角度说，数字滤波器同我们在模拟电子技术和高频电子线路中所学的模拟滤波器有着相同的滤波概念。所以，我们将数字滤波器按频率响应划分为低通、高通、带通、带阻等几种类型。

无限长数字滤波器（IIR）的系统函数为

$$H(z) = \frac{\sum_{k=0}^{M} b_k z^{-k}}{1 - \sum_{k=1}^{N} a_k z^{-k}} = \frac{Y(z)}{X(z)} \tag{8.1.1}$$

由此我们可以看出，设计一个 IIR 数字滤波器，其实就是寻找一组系数 $\{a_k, b_k\}$，使滤波器的性能满足预定的技术要求。因此我们将 IIR 数字滤波器的设计大致归纳为以下几步：

（1）根据实际任务需要，计算并确定数字滤波器应达到的性能指标。在很多实际应用中，数字滤波器常常被用来实现选频操作，指标的形式一般在频域中给出幅度和相位响应。幅频特性表示信号通过滤波器后各频率成分的衰减情况，相频特性则反映各频率成分通过滤波器后在时间上的延时情况。通常，选频滤波器的指标要求都以幅频特性给出，对相频特性不做特别要求。幅度指标主要以两种方式给出。第一种是绝对指标。它提供对幅度响应函数的要求，一般应用于 FIR 滤波器的设计。第二种指标是相对指标。它以分贝值的形式给出要求。在工程实际中，这种指标最受欢迎，通常包括：通带截止频率 ω_p，阻带截止频率 ω_s，阻带的

衰耗 A、通带的起伏 ε 及采样频率 f_s 等。

（2）用一个稳定的离散线性移不变的因果系统 $H(z)$ 去逼近前述需要达到的性能指标，即求 $H(z)$ 的系数（a_k, b_k）或零、极点（c_k, d_k）分布。

（3）用一个有限精度的运算来实现 $H(z)$。这主要通过选择合理的网络结构，恰当的有效字长及有效数字的处理方法等来加以实现。

（4）实际的技术实现，包括采用通用计算机软件或专用数字滤波器硬件来实现，或采用专用或通用数字信号处理器来实现。

在实际应用中数字滤波器的设计方法有很多，其中最主要的有两种：一种是通过设计一个模拟滤波器经过相应的变换后得到数字滤波器，另一种是应用计算机技术在频域或时域直接进行设计。

模拟滤波器的设计中，常用类型包括：巴特沃斯滤波器、切比雪夫滤波器、考尔滤波器和贝塞尔滤波器等。因此，通过模拟滤波器来设计 IIR 数字滤波器的关键在于如何转换的问题。模拟滤波器的传递函数为 $H_a(s)$，数字滤波器的传递函数为 $H(z)$。为了使 $H_a(s)$ 转换成 $H(z)$ 之后仍然满足多项技术指标，首先应规范复变量 s 与复变量 z 之间的关系映射。因此，我们对转换关系提出两点要求：

（1）因果稳定的模拟滤波器转换成数字滤波器，仍是因果稳定的。我们知道，模拟滤波器为因果稳定，要求其传输函数 $H_a(s)$ 的极点全部位于 s 平面的左半平面；数字滤波器为因果稳定，则要求 $H_a(s)$ 的极点全部在单位圆内。因此，转换关系应是 s 平面的左半平面映射到 z 平面的单位圆内部。

（2）数字滤波器的频率响应模仿模拟滤波器的频响，s 平面的虚轴映射 z 平面的单位圆，相应的频率之间成线形关系。

将传输函数 $H_a(s)$ 从 s 平面转换到 z 平面的方法有很多种，常用的是脉冲响应不变法和双线性变换法。

二、脉冲响应不变法

1. 变换原理

脉冲响应不变法是使数字滤波器的单位冲激响应序列 $h(n)$ 模仿模拟滤波器的单位冲激响应 $h_a(t)$ 的抽样值，即满足

$$h(n) = h_a(nT) \tag{8.1.2}$$

其中，T 是抽样周期。

如果 $H_a(s)$ 是 $h_a(t)$ 的拉普拉斯变换，$H(z)$ 是 $h(n)$ 的拉普拉斯变换，我们利用抽样序列的 z 变换与模拟信号的拉普拉斯变换的关系，设 $h_a(t)$ 的采样信号用 $\hat{h}_a(t)$ 表示，即

$$\hat{h}_a(t) = \sum_{n=-\infty}^{\infty} h_a(t)\delta(t-nT) \tag{8.1.3}$$

对 $\hat{h}_a(t)$ 进行拉普拉斯变换，得到

$$\hat{H}_a(s) = \int_{-\infty}^{\infty} \hat{h}_a(t)\mathrm{e}^{-st}\mathrm{d}t = \int_{-\infty}^{\infty} [\sum_n h_a(t)\delta(t-nT)]\mathrm{e}^{-st}\mathrm{d}t$$

$$= \sum_n h_a(nT)\mathrm{e}^{-snT} \tag{8.1.4}$$

式中，$h_a(nT)$ 是 $h_a(t)$ 在采样点 $t=nT$ 时的幅度值，它与序列 $h(n)$ 幅度值相等，即 $h(n)=h_a(nT)$，因此得到

$$\hat{H}_a(s) = \sum_n h_a(nT)\mathrm{e}^{-snT} = \sum_n h(n)z^{-n}\big|_{z=\mathrm{e}^{sT}} = H(z)\big|_{z=\mathrm{e}^{sT}} \tag{8.1.5}$$

即拉普拉斯变换与相应的序列的 z 变换之间的映射关系为 $z=\mathrm{e}^{sT}$，我们已知 $h_a(t)$ 的傅里叶变换 $H_a(\mathrm{j}\Omega)$ 和其采样信号 $\hat{h}_a(t)$ 的傅里叶变换 $\hat{H}_a(\mathrm{j}\Omega)$ 之间满足

$$X(z)\big|_{z=\mathrm{e}^{sT}} = \frac{1}{T}\sum_{k=-\infty}^{\infty} X_a(s-\mathrm{j}k\Omega_s) = \frac{1}{T}\sum_{k=-\infty}^{\infty} X_a\left(s-\mathrm{j}\frac{2\pi}{T}k\right) \tag{8.1.6}$$

故我们可以得到

$$H(z)\big|_{z=\mathrm{e}^{sT}} = \frac{1}{T}\sum_{k=-\infty}^{\infty} H_a\left(s-\mathrm{j}\frac{2\pi}{T}k\right) \tag{8.1.7}$$

由此式可以看出，脉冲响应不变法将模拟滤波器的 s 平面转换为数字滤波器的 z 平面。其映射关系如图 8.1.1 所示

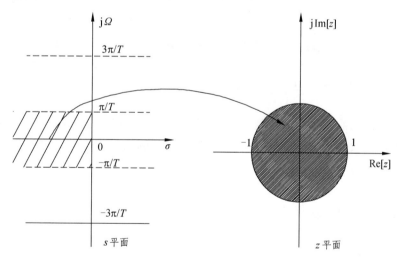

图 8.1.1 s 平面与 z 平面之间的映射关系

设

$$s = \sigma + \mathrm{j}\Omega$$

$$z = r\mathrm{e}^{\mathrm{j}\omega}$$

由关系 $z=\mathrm{e}^{sT}$ 可得到

$$r\mathrm{e}^{\mathrm{j}\omega} = \mathrm{e}^{\sigma T}\mathrm{e}^{\mathrm{j}\Omega T}$$

因此得到

$$\begin{cases} r=\mathrm{e}^{\sigma T} \\ \omega=\varOmega T \end{cases}$$

那么

$$\begin{cases} \sigma = 0, \ r = 1 \\ \sigma < 0, \ r < 1 \\ \sigma > 0, \ r > 1 \end{cases}$$

以上关系说明，s 平面的虚轴（ $\sigma = 0$ ）映射 z 平面的单位圆（ $r = 1$ ），s 平面左半平面（ $\sigma < 0$ ）映射 z 平面单位圆内（ $r < 1$ ），s 平面右半平面映射 z 平面单位圆外（ $r > 1$ ）。这说明如果 $H_\mathrm{a}(s)$ 是因果稳定的，转换后得到的 $H(z)$ 仍是因果稳定的。

还应该引起我们注意的是，由式（8.1.7）可知数字滤波器的频率响应和模拟滤波器的频率响应间的关系为

$$H(\mathrm{e}^{\mathrm{j}\omega}) = \frac{1}{T} \sum_{k=-\infty}^{\infty} H_\mathrm{a}\left(\mathrm{j}\frac{\omega - 2\pi k}{T} \right) \tag{8.1.8}$$

由此式可以看出数字滤波器的频率响应是模拟滤波器频率响应的周期延拓。所以根据抽样定理，只有当模拟滤波器的频率响应是限带的，且带限于折叠频率以内时，即

$$H_\mathrm{a}(\mathrm{j}\varOmega) = 0 \ , \ |\varOmega| \geqslant \frac{\pi}{T} = \frac{\varOmega_\mathrm{s}}{2} \tag{8.1.9}$$

才能使数字滤波器的频率响应重现模拟滤波器的频率响应而不产生混叠失真，即

$$H(\mathrm{e}^{\mathrm{j}\omega}) = \frac{1}{T} H_\mathrm{a}\left(\mathrm{j}\frac{\omega}{T} \right), \ |\omega| < \pi \tag{8.1.10}$$

但是，任何一个实际的模拟滤波器频率响应都不是严格限带的，变换后就会产生周期延拓的频率交叠，即产生频率响应的混叠失真，因而模拟滤波器的频率响应在折叠频率以上处衰减越大、越快，变换后频率响应混叠失真就越小。

2. 模拟滤波器的数字化方法

设模拟滤波器的传输函数 $H_\mathrm{a}(s)$ 只有单阶极点，且假定分母的阶次大于分子的阶次（一般都满足这一要求，因为只有这样才相当于一个稳定的模拟系统）。因此可将 $H_\mathrm{a}(s)$ 展开成部分分式表示式

$$H_\mathrm{a}(s) = \sum_{k=1}^{N} \frac{A_k}{s - s_k} \tag{8.1.11}$$

其相应的冲激响应 $h_\mathrm{a}(t)$ 是 $H_\mathrm{a}(s)$ 的拉普拉斯反变换（标记为 LT[·]），即

$$h_\mathrm{a}(t) = \mathrm{LT}[H_\mathrm{a}(s)] = \sum_{k=1}^{N} A_k \mathrm{e}^{s_k t} u(t) \tag{8.1.12}$$

式中，$u(t)$ 是单位阶跃函数。对 $h_a(t)$ 进行等间隔采样，采样间隔为 T，得到

$$h(n) = h_a(nT) = \sum_{k=1}^{N} A_k e^{s_k nT} u(n) = \sum_{k=1}^{N} A_k (e^{s_k T})^n u(n) \tag{8.1.13}$$

对 $h(n)$ 求 z 变换，得到数字滤波器的系统函数

$$H(z) = \sum_{n=-\infty}^{\infty} h(n) z^{-n} = \sum_{n=0}^{\infty} \sum_{k=1}^{N} A_k (e^{s_k T} z^{-1})^n = \sum_{k=1}^{N} A_k \sum_{n=0}^{\infty} (e^{s_k T} z^{-1})^n$$

$$= \sum_{k=1}^{N} \frac{A_k}{1 - e^{s_k T} z^{-1}} \tag{8.1.14}$$

将式（8.1.11）与式（8.1.14）加以比较，可以看出：

（1）s 平面的单极点 $s = s_k$ 变换到 z 平面上 $z = e^{s_k T}$ 处的单极点。

（2）$H_a(s)$ 与 $H(z)$ 的部分分式的系数是相同的，都是 A_k。

（3）如果模拟滤波器是稳定的，即所有极点 s_k 位于 s 平面的左半平面，亦即极点的实部小于零 $\mathrm{Re}[s_k] < 0$，则变换后的数字滤波器的全部极点在单位圆内，即模小于 1，$|e^{s_k T}| = e^{\mathrm{Re}[s_k]T} < 1$，因此数字滤波器也是稳定的。

（4）虽然脉冲响应不变法能保证 s 平面极点与 z 平面有这种代数对应关系，但是并不等于整个 s 平面与 z 平面有这种代数对应关系，特别是数字滤波器的零点位置就与模拟滤波器零点位置没有这种代数对应关系，而是随 $H_a(s)$ 的极点 s_k 以及系数 A_k 两者变化。

从式（8.1.10）可以看出，数字滤波器频率响应还与抽样间隔 T 成反比。如果抽样频率很高，即 T 很小，则滤波器的增益会太高，这很不好，因而希望数字滤波器的频率响应不随抽样频率而变化，故做以下修正，令

$$h(n) = T h_a(nT) \tag{8.1.15}$$

则有

$$H(z) = \sum_{k=1}^{N} \frac{T A_k}{1 - e^{s_k T} z^{-1}} \tag{8.1.16}$$

及

$$H(e^{j\omega}) = \sum_{k=-\infty}^{\infty} H_a\left(j\frac{\omega}{T} - j\frac{2\pi}{T}k\right) \approx H_a\left(j\frac{\omega}{T}\right), \ |\omega| < \pi \tag{8.1.17}$$

由于 $h_a(t)$ 是实数，因而 $H_a(s)$ 的极点必成共轭对存在，即若 $s = s_k$ 为极点，其留数为 A_k，则必有 $s = s_k^*$ 亦为极点，其留数为 A_k^*。因而这样一对共轭极点，其 $H_a(s)$ 变成 $H(z)$ 的对应关系为

$$\frac{A_k}{s - s_k} \longrightarrow \frac{A_k}{1 - z^{-1}e^{s_k T}} , \ \frac{A_k^*}{s - s_k^*} \longrightarrow \frac{A_k^*}{1 - z^{-1}e^{s_k^* T}} \tag{8.1.18}$$

【例 8.1.1】 设模拟滤波器的系统函数为

$$H_a(s) = \frac{2}{s^2 + 4s + 3} = \frac{1}{s+1} - \frac{1}{s+3}$$

试利用脉冲响应不变法，设计 IIR 数字滤波器。

解：直接利用式（8.1.16）可得到数字滤波器的系统函数为

$$H(z) = \frac{T}{1 - z^{-1}e^{-T}} - \frac{T}{1 - z^{-1}e^{-3T}} = \frac{Tz^{-1}(e^{-T} - e^{-3T})}{1 - z^{-1}(e^{-T} + e^{-3T}) + z^{-2}e^{-4T}}$$

设 $T=1$，则有

$$H(z) = \frac{0.318z^{-1}}{1 - 0.4177\,z^{-1} + 0.01831\,z^{-2}}$$

模拟滤波器的频率响应及数字滤波器的频率响应分别为

$$H_a(j\Omega) = \frac{2}{(3 - \Omega^2) + j4\Omega}$$

$$H(e^{j\omega}) = \frac{0.3181\,z^{-1}}{1 - 0.4177\,e^{-j\omega} + 0.01831\,e^{-j2\omega}}$$

三、双线性变换法

脉冲响应不变法的缺点是产生频率响应的混叠失真，这是因为从 s 平面到 z 平面是多值的映射关系。为了克服这一缺点，我们采用双线性变换法。

1. 变换原理

双线性变换法是使数字滤波器的频率响应与模拟滤波器的频率响应相似的一种变换方法。为了克服多映射这一缺点，首先整个 s 面压缩变换到某一中介的 s_1 平面的一条横带里（宽度为 $\frac{2\pi}{T}$，见图 8.1.2），其次再通过标准变换关系 $z = e^{s_1T}$ 将横带变换到整个 z 平面上去，这样就消除了多值变换性，也就消除了频谱混叠现象。

设 $H_a(s)$（$s = j\Omega$）经过非线性频率压缩后为 $H_a(s_1)$（$s_1 = j\Omega_1$）。这里用正切变换实现频率压缩：

$$\Omega = \frac{2}{T}\tan\left(\frac{1}{2}\Omega_1 T\right) \tag{8.1.19}$$

式中，T 仍是采样间隔，当 Ω_1 从 $-\frac{\pi}{T}$ 经过 0 变化到 $\frac{\pi}{T}$ 时，Ω 则从 $-\infty$ 经过 0 变化到 $+\infty$，实现了 s 平面上整个虚轴完全压缩到 s_1 平面上虚轴的 $\pm\frac{\pi}{T}$ 之间的转换。这样便有

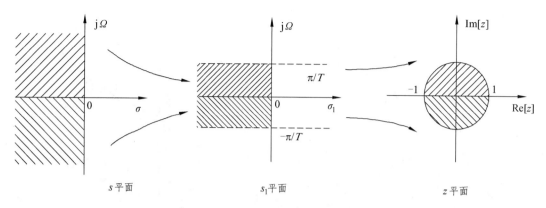

图 8.1.2　双线性变换法的映射关系

$$s = \frac{2}{T}\mathrm{th}\left(\frac{1}{2}\Omega T\right) = \frac{2}{T} \cdot \frac{1 - \mathrm{e}^{-s_1 T}}{1 + \mathrm{e}^{-s_1 T}} \tag{8.1.20}$$

再通过 $z = \mathrm{e}^{s_1 T}$ 转换到 z 平面上，得到

$$s = \frac{2}{T}\frac{1 - z^{-1}}{1 + z^{-1}} \tag{8.1.21}$$

$$z = \frac{\dfrac{2}{T} + s}{\dfrac{2}{T} - s} \tag{8.1.22}$$

式（8.1.21）或式（8.1.22）称为双线性变换。由以上分析可以看出，由于从 s 平面到 s_1 平面具有非线性频率的压缩功能，因此不可能产生混叠现象，这就是双线性变换法与脉冲响应不变法相比的最大优点。此外，s_1 平面映射到 z 平面，用 $z = \mathrm{e}^{s_1 T}$，s_1 平面上的 $-\dfrac{\pi}{T}$ 到 $+\dfrac{\pi}{T}$ 之间水平带的左半部分映射到 z 平面单位圆内部，虚轴映射为单位圆，因此只要模拟滤波器是因果稳定的，则经双线性变换后得到的数字滤波器也是因果稳定的。

下面我们来分析模拟频率 Ω 和数字频率 ω 之间的关系。

令 $s = \mathrm{j}\Omega, z = \mathrm{e}^{\mathrm{j}\omega}$ 并代入式（8.1.21），有

$$\mathrm{j}\Omega = \frac{2}{T} \cdot \frac{1 - \mathrm{e}^{-\mathrm{j}\omega}}{1 + \mathrm{e}^{-\mathrm{j}\omega}}, \qquad \Omega = \frac{2}{T}\tan\frac{1}{2}\omega \tag{8.1.23}$$

上式说明，s 平面的 Ω 与 z 平面的 ω 呈非线性正切关系，在 $\omega = 0$ 附近接近线性关系；当 ω 增加时，Ω 增加得越来越快；当 ω 趋近于 π 时，Ω 趋近于 ∞。正是因为这种非线性关系，消除了频率混叠现象。然而由于 Ω 与 z 平面的 ω 的这种非线性正切关系影响数字滤波器频响逼真地模仿模拟滤波器的频响，如果 Ω 的刻度是均匀的，则映射到 z 平面上 ω 的刻度不是均匀的，而是随 ω 增加越来越密。

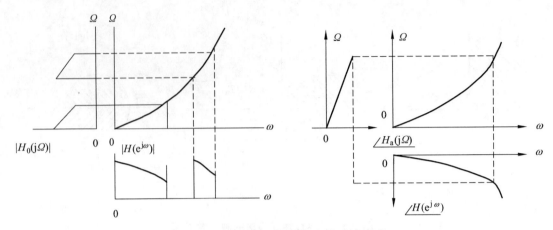

图 8.1.3　双线性变换法的频率响应失真

【例 8.1.2】　试用脉冲响应不变法和双线性不变法将图 8.1.4 所示 RC 低通滤波器转换成数字滤波器。

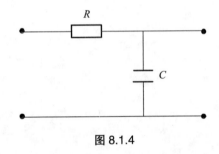

图 8.1.4

解： 写出传输函数

$$H_a(s) = \frac{\dfrac{1}{sc}}{R + \dfrac{1}{sc}} = \frac{\dfrac{1}{Rc}}{\dfrac{1}{Rc} + s}$$

令 $a = \dfrac{1}{Rc}$ ，则　　　　$H_a(s) = \dfrac{a}{a+s}$

① 利用脉冲响应不变法转换成数字滤波器，其传输函数 $H_1(z)$ 为

$$H_1(z) = \frac{a}{1 - e^{-aT} z^{-1}}$$

② 利用双线性变换转换成数字滤波器，其传输函数 $H_2(z)$ 为

$$H_2(z) = H_a(s)\Big|_{s=\frac{2}{T} \cdot \frac{1-z^{-1}}{1+z^{-1}}} = \frac{a_1(1+z^{-1})}{1 + a_2 z^{-1}}$$

其中　　　　　　　$a_1 = \dfrac{aT}{aT+2}, \ a_2 = \dfrac{aT-2}{aT+2}$

2. 模拟滤波器的数字化方法

在双线性变换法中，s 与 z 之间的变换是简单的代数关系，故通过下式可得到数字滤波器的系统函数，即

$$H(z) = H_a(s)\Big|_{s=c\frac{1-z^{-1}}{1+z^{-1}}} = H_a\left[c\frac{1-z^{-1}}{1+z^{-1}}\right]\left(c=\frac{2}{T}\right) \tag{8.1.24}$$

除此之外，也可以先将模拟系统函数分解成并联的子系统函数或级联的子系统函数，使每个子系统函数都变成低阶的，然后再对每个子系统函数分别采用双线性变换。例如，设模拟系统函数分解为级联子系统：

$$H_a(s) = H_{a_1}(s)H_{a_2}(s)\cdots H_{a_m}(s) \tag{8.1.25}$$

双线性变换后，离散系统函数可表示为

$$H(z) = H_1(z)H_2(z)\cdots H_m(z) \tag{8.1.26}$$

其中

$$H_i(z) = H_{a_i}(s)\Big|_{s=c\frac{1-z^{-1}}{1+z^{-1}}}, \quad i=1,2,\cdots,m \tag{8.1.27}$$

四、利用模拟滤波器设计 IIR 数字低通滤波器的具体步骤

前面已经给出过数字滤波器的一般设计步骤，下面在脉冲响应不变法和双线性变化的基础上，说明具体步骤。

（1）确定数字低通滤波器的技术指标：通带截止频率 ω_p，通带衰减 a_p，阻带截止频率 ω_s，阻带衰减 a_s。

（2）将数字低通指标转换成模拟低通指标，主要对边界频率 ω_p 和 ω_s 进行转换，对 a_p 和 a_s 不作变化。

采用脉冲响应不变法，边界频率的转变关系为

$$\Omega = \omega/T$$

采用双线性变换法，边界频率的转变关系为

$$\Omega = \frac{2}{T}\tan\frac{1}{2}\omega$$

（3）按照模拟低通滤波器的技术指标设计模拟低通滤波器。

（4）将模拟滤波器 $H_a(s)$ 从 s 平面转换到 z 平面，得到数字低通滤波器系统函数 $H(z)$。

【例 8.1.3】　设计数字低通滤波器，要求在通带内频率低于 0.2π rad 时，容许幅度误差在 1 dB 以内，在频率为 $0.3\pi\sim\pi$ 的阻带衰减大于 15 dB。指定模拟滤波器采用巴特沃斯低通滤波器。试分别用脉冲响应不变法和双线性变换法设计滤波器。

解：

（1）用脉冲响应不变法设计数字低通滤波器。

① 数字低通滤波器的技术指标为

$$\omega_p = 0.2\pi \text{ rad}, \quad a_p = 1 \text{ dB}$$

$$\omega_s = 0.3\pi \text{ rad}, \quad a_s = 15 \text{ dB}$$

② 模拟低通滤波器的技术指标为

$$T = 1 \text{ s}, \quad \Omega_p = 0.2 \pi \text{ rad/s}, \quad a_p = 1 \text{ dB}, \quad \Omega_s = 0.3 \pi \text{ rad/s}, \quad a_s = 15 \text{ dB}$$

③ 设计巴特沃斯低通滤波器，先计算 N 和 3 dB 截止频率 Ω_c。

$$N = -\frac{\lg k_{sp}}{\lg \lambda_{sp}}$$

$$\lambda_{sp} = \frac{\Omega_s}{\Omega_p} = \frac{0.3\pi}{0.2\pi} = 1.5 \ , \quad k_{sp} = \sqrt{\frac{10^{0.1a_p} - 1}{10^{0.1a_s} - 1}} = 0.092$$

$$N = -\frac{\lg 0.092}{\lg 1.5} = 5.884$$

取 $N=6$，则

$$\Omega_c = \Omega_p (10^{0.1a_p} - 1)^{-\frac{1}{2N}} = 0.703 \, 2 \text{ rad/s}$$

$$H_a(p) = \frac{1}{(1 + 3.863 \, 7p + 7.464 \, 1p^2 + 9.141 \, 6p^3 + 7.464 \, 1p^4 + 3.863p^5 + p^6)}$$

将 $p = s/\Omega_c$ 代入 $H_a(p)$ 中去归一化，得到实际的传输函数

$$H_a(s) = \frac{0.1209}{(0.1209 + 0.121s + 1.825s^2 + 3.179s^3 + 3.691s^4 + 2.716s^5 + s^6)}$$

④ 用脉冲响应不变法将 $H_a(s)$ 转换成 $H(z)$。

$$H(z) = \frac{0.287 \, 1 - 0.446 \, 6 \, z^{-1}}{1 - 0.129 \, 7z^{-1} + 0.694 \, 9 \, z^{-2}} + \frac{-2.142 \, 8 + 1.145 \, 4 \, z^{-1}}{1 - 1.069 \, 1z^{-1} + 0.369 \, 9 \, z^{-2}} + \frac{1.855 \, 8 - 0.630 \, 4 \, z^{-1}}{1 - 0.997 \, 2 \, z^{-1} + 0.257 \, 0 \, z^{-2}}$$

（2）用双线性变换法设计数字滤波器。

① 数字低通滤波器的技术指标为：

$$W_p = 0.2\pi \text{ rad}, \quad a_p = 1 \text{ dB}$$

$$W_s = 0.3\pi \text{ rad}, \quad a_s = 15 \text{ dB}$$

② 模拟低通滤波器的技术指标为

$$\Omega = \frac{2}{T} \tan \frac{1}{2} \omega, \quad T = 1$$

$$\Omega_p = 2 \tan 0.1\pi = 0.65 \text{rad/s}, \quad a_p = 1 \text{ dB}$$

$$\Omega_s = 2 \tan 0.15\pi = 1.019 \text{ rad/s}, \quad a_s = 15 \text{ dB}$$

③ 设计巴特沃斯低通滤波器。

$$\lambda_{sp} = \frac{\Omega_s}{\Omega_p} = 1.568, \quad k_{sp} = 0.092$$

$$N = -\frac{\lg k_{sp}}{\lg \lambda_{sp}} = -\frac{\lg 0.092}{\lg 1.568} = 5.306$$

取 $N=6$，为求 Ω_c，将 Ω_s、Ω_p 代入

$$\Omega_c = \Omega_s (10^{0.1 a_s} - 1)^{-\frac{1}{2N}} = 0.766\ 2\ \text{rad/s}$$

这样阻带技术指标满足要求，通带技术指标已经超标。将 $p = s/\Omega_c$ 代入去归一化得

$$H_a(s) = \frac{0.202\ 4}{(s^2 + 0.396s + 0.587\ 1)(s^2 + 1.083s + 0.587\ 1)(s^2 + 1.480s + 0.587\ 1)}$$

④ 用双线性变换法将 $H_a(s)$ 转换成 $H(z)$。

$$H(z) = H_a(s)\Big|_{s = \frac{2}{T} \cdot \frac{1 - z^{-1}}{1 + z^{-1}}}$$

$$= \frac{0.000\ 737\ 8(1 + z^{-1})^6}{(1 - 1.268 z^{-1} + 0.705 z^{-2})(1 - 1.010 z^{-1} + 0.358 z^{-2})} \cdot \frac{1}{1 - 0.904\ 4 z^{-1} + 0.215\ 5 z^{-2}}$$

子项目二　有限脉冲响应数字滤波器的设计

通过子项目一的学习，我们看到设计 IIR 滤波器时，只需要给出幅频特性指标即可，而不需要相频特性指标。但是如果对输出波形有严格要求，如语音合成、波形传输等，则要求数字滤波器具有线性相位的特征。这种情况下，IIR 滤波器显然很难做到。与 IIR 滤波器相比，FIR 滤波器很容易做到严格的线性相位特性，在幅度特性可以任意设置的同时，保证了精确的线性相位。而且 FIR 滤波器没有反馈回路，故不存在不稳定的问题。此外，FIR 滤波器的设计方式是线性的，不会造成非线性转换的误差；硬件也更容易实现；滤波器过渡过程具有有限区间。但是相对 IIR 滤波器而言，其阶次较高，延迟也要比同样性能的 IIR 滤波器大得多。因此 FIR 滤波器的设计方法和 IIR 滤波器的设计方法有很大的不同。FIR 滤波器的设计任务是选择有限长度的 $h(n)$，使传输函数 $H(e^{j\omega})$ 满足技术要求。本节主要介绍两种设计方法：窗函数法、频率采样法。

一、线性相位 FIR 滤波器的特点

FIR 滤波器的单位冲激响应 $h(n)$ 是有限长的（$0 \leqslant n \leqslant N-1$），其 z 变换为

$$H(z) = \sum_{n=0}^{N-1} h(n) z^{-n}$$

在 z 平面有 $N\text{--}1$ 个零点，在 $z=0$ 处是 $N\text{--}1$ 阶极点。

1. 线性相位条件

$h(n)$ 的频率响应为

$$H(e^{j\omega}) = \sum_{n=0}^{N-1} h(n) e^{-j\omega n} \tag{8.2.1}$$

当 $h(n)$ 为实序列时，可将 $H(e^{j\omega})$ 表示成

$$H(e^{j\omega}) = \pm |H(e^{j\omega})| e^{j\theta(\omega)} = H(\omega) e^{j\theta(\omega)} \tag{8.2.2}$$

其中，$|H(e^{j\omega})|$ 是真正的幅度响应，而 $H(\omega)$ 是可正可负的实函数，有两类准确的线性相位，分别要求满足

$$\theta(\omega) = -\tau\omega \tag{8.2.3}$$

$$\theta(\omega) = \beta - \tau\omega \tag{8.2.4}$$

其中，τ、β 都是常数，表示相位是通过坐标原点 $\omega = 0$ 或是通过 $\theta(0) = \beta$ 的斜直线。二者的群延时都是常数 $\tau = \dfrac{d\theta(\omega)}{d(\omega)}$。把式（8.2.3）和式（8.2.4）分别带入式（8.2.2）可以得到

$$H(e^{j\omega}) = \sum_{n=0}^{N-1} h(n) e^{-j\omega n} = \pm |H(e^{j\omega})| e^{-j\omega\tau} \tag{8.2.5}$$

$$H(e^{j\omega}) = \sum_{n=0}^{N-1} h(n) e^{-j\omega n} = \pm |H(e^{j\omega})| e^{-j(\omega\tau-\beta)} \tag{8.2.6}$$

在式（8.2.5）中，令实部和虚部分别相等，可以得到式（8.2.3）所示的第一类线性相位的特性要求：

$$\sum_{n=0}^{N-1} h(n) \cos(\omega n) = \pm |H(e^{j\omega})| \cos(\omega\tau)$$

$$\sum_{n=0}^{N-1} h(n) \sin(\omega n) = \pm |H(e^{j\omega})| \sin(\omega\tau)$$

两式相除，得

$$\tan(\omega\tau) = \frac{\sin(\omega\tau)}{\cos(\omega\tau)} = \frac{\sum\limits_{n=0}^{N-1} h(n)\sin(\omega n)}{\sum\limits_{n=0}^{N-1} h(n)\cos(\omega n)}$$

因而

$$\sum_{n=0}^{N-1} h(n)\sin(\omega n)\cos(\omega\tau) - \sum_{n=0}^{N-1} h(n)\sin(\omega\tau)\cos(\omega n) = 0$$

即

$$\sum_{n=0}^{N-1} h(n)\sin[(\tau-n)\omega] = 0 \tag{8.2.7}$$

所以，若要使式（8.2.7）成立必须满足

$$\tau = \frac{N-1}{2} \tag{8.2.8}$$

$$h(n) = h(N-1-n)，\ 0 \leqslant n \leqslant N-1 \tag{8.2.9}$$

式（8.2.9）是 FIR 滤波器具有式（8.2.3）所示的线性相位的充要条件，它要求单位冲激响应的 $h(n)$ 序列以 $n = \dfrac{(N-1)}{2}$ 为偶对称中心。N 为偶数时，延时为整数；N 为奇数时，延时为整数加半个抽样周期。不论 N 为奇数或偶数，$h(n)$ 都满足对 $n = \dfrac{(N-1)}{2}$ 轴呈偶对称。同理，对式（8.2.6）进行推导，可以得到式（8.2.4）所示的第二类线性相位的特性要求：

$$\sum_{n=0}^{N-1} h(n)\sin[(\tau-n)\omega-\beta] = 0 \tag{8.2.10}$$

满足

$$\tau = \frac{N-1}{2} \tag{8.2.11}$$

$$\beta = \pm\frac{\pi}{2} \tag{8.2.12}$$

$$h(n) = -h(N-1-n)，\ 0 \leqslant n \leqslant N-1 \tag{8.2.13}$$

式（8.2.13）是 FIR 滤波器具有式（8.2.4）所示的线性相位的充要条件，它要求单位冲激响应的 $h(n)$ 序列以 $n = \dfrac{(N-1)}{2}$ 为奇对称中心。

　　由于 $h(n)$ 有上述奇对称和偶对称两种，而 $h(n)$ 的点数 N 又有奇数和偶数两种，因而 $h(n)$ 可以有 4 种类型，如图 8.2.1 所示。

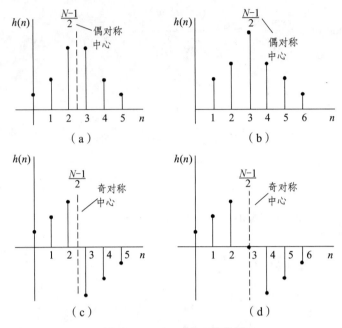

图 8.2.1 $h(n)$ 的 4 种类型

2. 线性相位 FIR 滤波器的频率响应的特点

已经知道，线性相位 FIR 滤波器的冲激响应应该满足 $h(n) = \pm h(N-1-n)$，因而系统函数可表示为

$$H(z) = \sum_{n=0}^{N-1} h(n)z^{-n} = \sum_{n=0}^{N-1} \pm h(N-1-n)z^{-n} = \sum_{m=0}^{N-1} \pm h(m)z^{-(N-1-m)}$$

$$= \pm z^{-(N-1)} \sum_{m=0}^{N-1} h(m)z^{m}$$

即

$$H(z) = \pm z^{-(N-1)} H(z^{-1}) \tag{8.2.14}$$

进一步写成

$$H(z) = \frac{1}{2}[H(z) \pm z^{-(N-1)}H(z^{-1})] = \frac{1}{2}\sum_{n=0}^{N-1} h(n)[z^{-n} \pm z^{-(N-1)}z^{n}]$$

$$= z^{-\left(\frac{N-1}{2}\right)} \sum_{n=0}^{N-1} h(n)\left[\frac{z^{\left(\frac{N-1}{2}-n\right)} \pm z^{-\left(\frac{N-1}{2}-n\right)}}{2}\right] \tag{8.2.15}$$

这一公式中，方括号内有 "±" 号。当取 "+" 时，$h(n)$ 满足 $h(n) = h(N-1-n)$，即为偶对称；当取 "-" 时，$h(n)$ 满足 $h(n) = -h(N-1-n)$，即为奇对称。

1）$h(n)$ 偶对称

由式（8.2.15）可知，频率响应为

$$H(e^{j\omega}) = H(z)\big|_{z=e^{j\omega}} = e^{-j\left(\frac{N-1}{2}\right)\omega} \sum_{n=0}^{N-1} h(n)\cos\left[\left(\frac{N-1}{2} - n\right)\omega\right] \quad （8.2.16）$$

将此式与式（8.2.2）进行比较可得幅度函数为

$$H(\omega) = \sum_{n=0}^{N-1} h(n)\cos[(\frac{N-1}{2} - n)\omega] \quad （8.2.17）$$

相位函数为

$$\theta(\omega) = -\left(\frac{N-1}{2}\right)\omega \quad （8.2.18）$$

幅度函数 $H(\omega)$ 可以为正值或负值，相位函数 $\theta(\omega)$ 是严格线性相位，如图 8.2.2 所示。

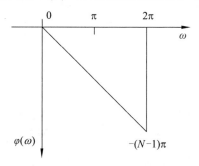

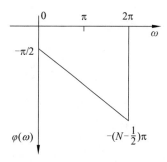

图 8.2.2　$h(n)$ 为偶对称时的线性相位特征图　　　图 8.2.3　$h(n)$ 为奇对称时的线性相位特征

2）$h(n)$ 为奇对称

此时，频率响应为

$$\begin{aligned} H(e^{j\omega}) = H(z)\big|_{z=e^{j\omega}} &= je^{-j\left(\frac{N-1}{2}\right)\omega} \sum_{n=0}^{N-1} h(n)\sin\left[\left(\frac{N-1}{2} - n\right)\omega\right] \\ &= je^{-j\left(\frac{N-1}{2}\right)\omega+j\frac{\pi}{2}} \sum_{n=0}^{N-1} h(n)\sin\left[\left(\frac{N-1}{2} - n\right)\omega\right] \end{aligned} \quad （8.2.19）$$

将此式与式（8.2.2）进行比较可得幅度函数为

$$H(\omega) = \sum_{n=0}^{N-1} h(n)\sin\left[\left(\frac{N-1}{2} - n\right)\omega\right] \quad （8.2.20）$$

相位函数为

$$\theta(\omega) = -\left(\frac{N-1}{2}\right)\omega + \frac{\pi}{2} \quad （8.2.21）$$

幅度函数 $H(\omega)$ 可以为正值或负值，相位函数 $\theta(\omega)$ 既是线性相位的，又包括 $\frac{\pi}{2}$ 的相移。

二、用窗函数法设计 FIR 滤波器

这种方法也称为傅里叶级数法。我们设要设计的滤波器传输函数为 $H_d(e^{j\omega})$，$h_d(n)$ 是与其对应的单位脉冲响应，因此

$$H_d(e^{j\omega}) = \sum_{n=-\infty}^{\infty} h_d(n)e^{-j\omega n}$$

$$h_d(n) = \frac{1}{2\pi}\int_{-\pi}^{\pi} H_d(e^{j\omega})e^{j\omega n}d\omega$$

如果能够由已知的 $H_d(e^{j\omega})$ 求出 $h_d(n)$，经过 z 变换可得到滤波器的系统函数。但一般情况下，$H_d(e^{j\omega})$ 逐段恒定，在边界频率处有不连续点，因而 $h_d(n)$ 是无限时宽的，且是非因果序列，例如，理想低通滤波器的传输函数 $H_d(e^{j\omega})$ 为

$$H_d(e^{j\omega}) = \begin{cases} e^{-j\omega a}, & |\omega| \leqslant \omega_c \\ 0, & \omega_c < \omega \leqslant \pi \end{cases} \tag{8.2.22}$$

相应的单位取样响应 $h_d(n)$ 为

$$h_d(n) = \frac{1}{2\pi}\int_{-\omega_c}^{\omega_c} e^{-j\omega a}e^{j\omega n}d\omega = \frac{\sin[(\omega_c(n-a)]}{\pi(n-a)} \tag{8.2.23}$$

由上式看，理想低通滤波器的单位取样响应 $h_d(n)$ 是无限长的，且是非因果序列。$h_d(n)$ 的波形如图 8.2.4（a）所示。为了构造一个长度为 N 的线性相位滤波器，只有将 $h_d(n)$ 截取一段，并保证截取的一段对 $\frac{N-1}{2}$ 对称。设截取的一段用 $h(n)$ 表示，即

$$h(n) = h_d(n)R_N(n) \tag{8.2.24}$$

式中 $R_N(n)$ 是一个矩形序列，长度为 N，如图 8.2.4（b）所示。由图可知，当 a 取值为 $\frac{N-1}{2}$ 时，截取的一段 $h(n)$ 对 $\frac{N-1}{2}$ 对称。

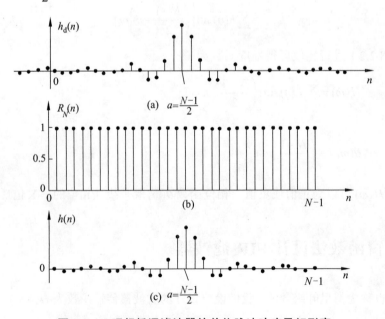

图 8.2.4   理想低通滤波器的单位脉冲响应及矩形窗

以上就是用窗函数法设计 FIR 滤波器的思路。另外，我们知道 $H_d(e^{j\omega})$ 是以 2π 为周期的函数，可以展为傅里叶级数，即

$$H_d(e^{j\omega}) = \sum_{n=-\infty}^{\infty} h_d(n) e^{-j\omega n}$$

选取傅里叶级数的项数越多，引起的误差就越小，但是项数的增多也使成本、体积加大，故应在满足技术要求的条件下，尽量减小 $h(n)$ 的长度。

我们可以形象地把 $R_N(n)$ 看作一个窗口，$h(n)$ 则是从窗口看到的一段 $h_d(n)$ 序列。$h(n) = h_d(n)R_N(n)$ 称为用矩形窗对 $h_d(n)$ 进行处理。我们下面来讨论用矩形窗来截断的影响。首先对 $h(n) = h_d(n)R_N(n)$ 进行傅里叶变换，根据复卷积定理，得到

$$H(e^{j\omega}) = \frac{1}{2\pi} \int_{-\pi}^{\pi} H_d(e^{j\theta}) R_N(e^{j(\omega-\theta)}) d\theta \qquad (8.2.25)$$

其中，$H_d(e^{j\omega})$ 和 $R_N(e^{j\omega})$ 分别是 $h_d(n)$ 和 $R_N(n)$ 的傅里叶变换，即

$$H_d(e^{j\omega}) = H_d(\omega)e^{-j\omega a}$$

$$R_N(e^{j\omega}) = \sum_{n=0}^{N-1} R_N(n)e^{-j\omega n} = \sum_{n=0}^{N-1} e^{-j\omega n} = e^{-j\frac{1}{2}(N-1)\omega} \frac{\sin\left(\frac{\omega N}{2}\right)}{\sin\left(\frac{\omega}{2}\right)} = R_N(\omega)e^{-ja\omega} \qquad (8.2.26)$$

式中

$$R_N(\omega) = \frac{\sin\left(\frac{\omega N}{2}\right)}{\sin\left(\frac{\omega}{2}\right)}, \quad a = \frac{N-1}{2}$$

$R_N(\omega)$ 称为矩形窗的幅度函数。

根据式（8.2.22），理想低通滤波器的幅度特性 $H_d(\omega)$ 为

$$H_d(\omega) = \begin{cases} 1, & |\omega| \leqslant \omega_c \\ 0, & \omega_c < |\omega| \leqslant \pi \end{cases} \qquad (8.2.27)$$

将 $H_d(e^{j\omega})$ 和 $R_N(e^{j\omega})$ 代入式（8.2.25）得到

$$H(e^{j\omega}) = \frac{1}{2\pi} \int_{-\pi}^{\pi} H_d(\theta)e^{-j\theta a} R_N(\omega-\theta)e^{-j(\omega-\theta)a} d\theta = e^{-j\omega a} \frac{1}{2\pi} \int_{-\pi}^{\pi} H_d(\theta) R_N(\omega-\theta) d\theta$$

将 $H_d(e^{j\omega})$ 写成如下形式：

$$H(e^{j\omega}) = H(\omega)e^{-j\omega a}$$

$$H(\omega) = \frac{1}{2\pi} \int_{-\pi}^{\pi} H_d(\theta) R_N(\omega-\theta) d\theta \qquad (8.2.28)$$

该式说明滤波器的幅度特性等于理想低通滤波器的幅度特性 $H_d(\omega)$ 与矩形窗幅度特性 $R_N(\omega)$ 的卷积。

通过观察图 8.2.5 所示的矩形窗卷积过程，可以得到 3 个特殊频率点的卷积结果。

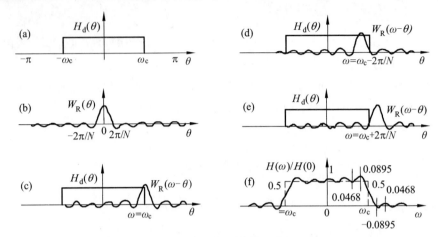

图 8.2.5 矩形窗的卷积过程

（1）当 $\omega = 0$ 时，$H(0)$ 等于 $W_R(\theta)$ 在 $[-\omega_c, \omega_c]$ 范围内的积分，而 $\omega_c \gg \dfrac{2\pi}{N}$，因此 $H(0)$ 近似等于 $W_R(\theta)$ 在 $[-\pi, \pi]$ 内的积分。

（2）当 $\omega = \omega_c - \dfrac{2\pi}{N}$ 时，第一旁瓣在通带外，出现正肩峰。

（3）当 $\omega = \omega_c + \dfrac{2\pi}{N}$ 时，第一旁瓣在通带内，出现负肩峰。

由此可以看出，使用窗函数时会对理想特性产生以下影响：

（1）改变了理想频响的边沿特性，形成过渡带，宽为 $\dfrac{4\pi}{N}$，等于 $W_R(\theta)$ 的主瓣宽度。即过渡带大小取决于所选窗函数的长度。

（2）过渡带两旁产生肩峰和余振（带内、带外起伏），取决于 $W_R(\theta)$ 的旁瓣，旁瓣多，余振多；旁瓣相对值大，肩峰强，与 N 无关，即取决于窗口形状。

（3）吉布斯（Gibbs）效应。N 增加，过渡带宽减小，肩峰值不变，所以 N 的改变不能改变主瓣与旁瓣的比例关系，只能改变 $W_R(\theta)$ 的绝对值大小和起伏的密度。当 N 增加时，幅值变大，频率轴变密，而最大肩峰永远为 8.95%，这种现象称为吉布斯效应。

肩峰值的大小决定了滤波器通带内的平稳程度和阻带内的衰减，所以对滤波器的性能有很大的影响。改变窗函数的形状，可改善滤波器的特性。窗函数有许多种，但要满足以下两点要求：

（1）窗谱主瓣宽度要窄，以获得较陡的过渡带。

（2）相对于主瓣幅度，旁瓣要尽可能小，使能量尽量集中在主瓣中，这样就可以减小肩峰和余振，以提高阻带衰减和通带平稳性。

但实际上对于同样长度的窗函数这两点不能兼顾，一般总是通过增加主瓣宽度来换取对旁瓣的抑制。

下面介绍几种常用的窗函数。

（1）矩形窗：

$$w(n) = R_N(n)$$

其频率响应为

$$W(\mathrm{e}^{\mathrm{j}\omega}) = \frac{\sin\left(\dfrac{\omega N}{2}\right)}{\sin\left(\dfrac{\omega}{2}\right)} \mathrm{e}^{-\mathrm{j}\frac{1}{2}(N-1)\omega}$$

$W(\mathrm{e}^{\mathrm{j}\omega})$ 主瓣宽度为 $\dfrac{8\pi}{N}$。

（2）三角形窗（Bartlett Window）：

$$w_{\mathrm{Br}}(n) = \begin{cases} \dfrac{2n}{N-1}, & 0 \leqslant n \leqslant \dfrac{1}{2}(N-1) \\ 2 - \dfrac{2n}{N-1}, & \dfrac{1}{2}(N-1) < n \leqslant N-1 \end{cases}$$

其频率函数为

$$W_{\mathrm{Br}}(\mathrm{e}^{\mathrm{j}\omega}) = \frac{2}{N}\left[\frac{\sin(N\omega/4)}{\sin(\omega/2)}\right]^2 \mathrm{e}^{-\mathrm{j}\left(\omega + \frac{N-1}{2}\omega\right)}$$

（3）汉明窗——改进的升余弦窗：

$$w(n) = \left[0.54 - 0.46\cos\left(\frac{2\pi n}{N-1}\right)\right]R_N(n)$$

它是对汉宁窗的改进，在主瓣宽度（对应第一零点的宽度）相同的情况下，旁瓣进一步减小，可使 99.96% 的能量集中在窗谱的主瓣内。

（4）汉宁窗——升余弦窗：

$$w(n) = \frac{1}{2}\left[1 - \cos\left(\frac{2\pi n}{N-1}\right)\right]R_N(n) = 0.5R_N(n) - 0.25\left(\mathrm{e}^{\mathrm{j}\frac{2\pi n}{N-1}} + \mathrm{e}^{-\mathrm{j}\frac{2\pi n}{N-1}}\right)R_N(n)$$

利用傅里叶变换的移位特性，汉宁窗频谱的幅度函数 $W(\omega)$ 可用矩形窗的幅度函数表示为

$$W\left(\mathrm{e}^{\mathrm{j}\omega}\right) = 0.5W_{\mathrm{R}}(\omega)\mathrm{e}^{-\mathrm{j}\left(\frac{N-1}{2}\right)\omega} - 0.25\left[W_{\mathrm{R}}\left(\omega - \frac{2\pi}{N-1}\right)\mathrm{e}^{-\mathrm{j}\left(\frac{N-1}{2}\right)\left(\omega - \frac{2\pi}{N-1}\right)} + \right.$$

$$\left. W_{\mathrm{R}}\left(\omega + \frac{\pi}{N-1}\right)\mathrm{e}^{-\mathrm{j}\left(\frac{N-1}{2}\right)\left(\omega + \frac{2\pi}{N-1}\right)}\right]$$

$$= \left\{0.5W_{\mathrm{R}}(\omega) + 0.25\left[W_{\mathrm{R}}\left(\omega - \frac{2\pi}{N-1}\right) + W_{\mathrm{R}}\left(\omega + \frac{2\pi}{N-1}\right)\right]\right\}\mathrm{e}^{-\mathrm{j}\left(\frac{N-1}{2}\right)\omega}$$

$$W(\omega) = 0.5W_{\mathrm{R}}(\omega) + 0.25\left[W_{\mathrm{R}}\left(\omega - \frac{2\pi}{N-1}\right) + W_{\mathrm{R}}\left(\omega + \frac{2\pi}{N-1}\right)\right]$$

三部分矩形窗频谱相加，使旁瓣互相抵消，能量集中在主瓣，旁瓣大大减小，主瓣宽度增加 1 倍，为 $\dfrac{8\pi}{N}$。

（5）布莱克曼窗——三阶升余弦窗：

$$w(n) = \left[0.42 - 0.5\cos\left(\frac{2\pi n}{N-1}\right) + 0.08\cos\left(\frac{4\pi n}{N-1}\right) \right] R_N(n)$$

这样增加一个二次谐波余弦分量，可进一步降低旁瓣，但主瓣宽度进一步增加，为 $\frac{12\pi}{N}$。增大 N 可减少过渡带。

频谱的幅度函数为

$$W(\omega) = 0.42 W_R(\omega) + 0.25\left[W_R\left(\omega - \frac{2\pi}{N-1}\right) + W_R\left(\omega + \frac{2\pi}{N-1}\right) \right] +$$

$$0.04\left[W_R\left(\omega - \frac{4\pi}{N-1}\right) + W_R\left(\omega + \frac{4\pi}{N-1}\right) \right]$$

（6）凯泽（Kaiser）窗：

$$w_k(n) = \frac{I_0(\beta\sqrt{1-[1-2n/(N-1)]^2})}{I_0(\beta)}, \quad 0 \le n \le N-1$$

其中，β 是一个可自由选择的参数，$I_0(x)$ 是第一类修正零阶贝塞尔函数。

上述窗函数及其幅频特性如图 8.2.6 和图 8.2.7 所示。它们的基本参数如表 8.2.1 所示。

表 8.2.1　常用窗函数的参数

窗函数	旁瓣峰值幅度/dB	过渡带宽	阻带最小衰减/dB
矩形窗	-13	$4\pi/N$	-21
三角形窗	-26	$8\pi/N$	-25
汉宁窗	-31	$8\pi/N$	-44
汉明窗	-40	$8\pi/N$	-53
布莱克曼窗	-57	$12\pi/N$	-74
凯泽窗	-57	$10\pi/N$	-80

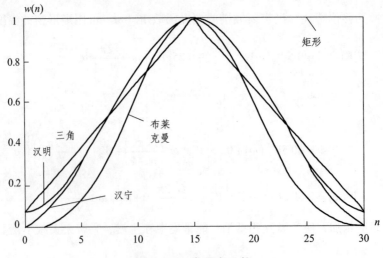

图 8.2.6　常用窗函数

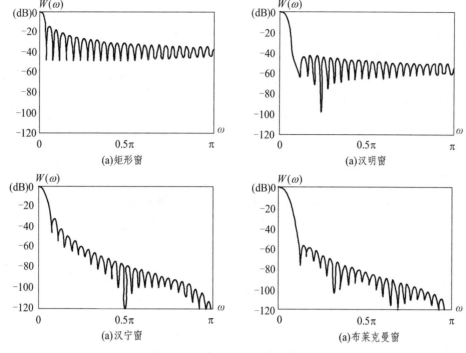

图 8.2.7 常用窗函数的幅度特性

最后给出窗函数法设计滤波器的步骤：

（1）根据技术要求确定待求滤波器的单位取样响应 $h_d(n)$。

（2）根据对过渡带和阻带衰减的要求，选择窗函数的形式，并估计窗口长度 N。

（3）计算滤波器的单位取样响应 $h(n)$。

$$h(n) = h_d(n)\omega(n)$$

式中，$\omega(n)$ 是前面所选择的窗函数。

（4）检验技术指标是否满足要求。根据下式计算：

$$H(e^{j\omega}) = \sum_{n=0}^{N-1} h(n)e^{-j\omega n}$$

如果 $H(e^{j\omega})$ 不满足要求，根据具体情况重复步骤（2）～（4）步，直到满足要求为止。

三、利用频率采样法设计 FIR 滤波器

如前所述，滤波器的设计指标通常在频率域给出，而窗函数设计法的实质是从时域出发，把理想的 $h_d(n)$ 用一定形状的窗函数截取成有限长的 $h(n)$，以 $h(n)$ 来近似 $h_d(n)$，从而使频率响应函数 $H(e^{j\omega})$ 近似于理想频率响应函数 $H_d(e^{j\omega})$。如果能够直接在频域设计，跳过时域到频域的映射环节，则可以节省一定开销。离散傅里叶变换的等间隔采样特性给我们提供了很好的途径。

1. 基本思想

使所设计的 FIR 数字滤波器的频率特性在某些离散频率点上的值准确地等于所需滤波器在这些频率点处的值，在其他频率处的特性则较好地逼近。其基本流程如图 8.2.8 所示。

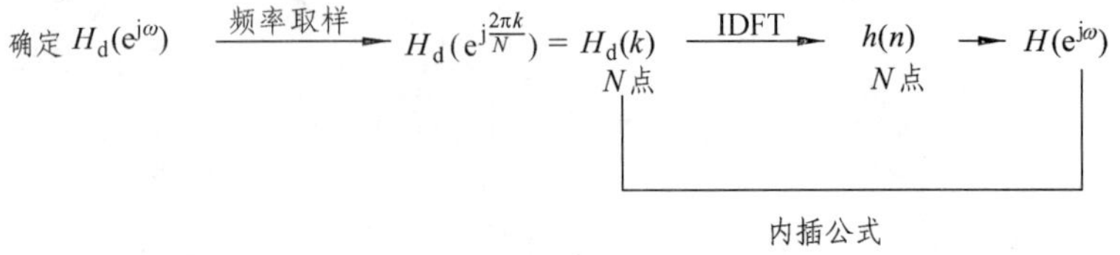

$$\text{确定 } H_d(e^{j\omega}) \xrightarrow{\text{频率取样}} H_d(e^{j\frac{2\pi k}{N}}) = H_d(k) \xrightarrow{\text{IDFT}} h(n) \rightarrow H(e^{j\omega})$$
$$\qquad\qquad\qquad\qquad N\text{点} \qquad\qquad N\text{点}$$

内插公式

图 8.2.8   利用频率采样法设计数字滤波器的基本流程

2. 设计方法

频率取样法是从频域出发，对理想的频率响应 $H_d(e^{j\omega})$ 进行等间隔取样，以有限个频率响应去逼近理想频率响应 $H(e^{j\omega})$，即 $H_d(e^{j\omega})\big|_{\omega=\frac{2\pi}{N}k} = H_d(k)$ 等间隔取样，并且

$$H(k) = H_d(k),\ k = 0,1,\cdots,N-1$$

对于离散值 $X(k)$ 有插值公式：

$$X(z) = \frac{1}{N}\sum_{k=0}^{N-1}\left[X(k)\frac{1-z^{-N}}{1-W^{-k}z^{-1}}\right]$$

代入系统函数得

$$H(z) = \frac{1}{N}\sum_{k=0}^{N-1}\left[H(k)\frac{1-z^{-N}}{1-W^{-k}z^{-1}}\right]$$

对滤波系统的频率特性有：

$$H(e^{j\omega}) = H(z)\big|_{z=e^{j\omega}} = \frac{1}{N}\sum_{k=0}^{N-1}\left[H(k)\frac{1-z^{-N}}{1-W^{-k}z^{-1}}\right]\Bigg|_{z=e^{j\omega}}$$

代入得

$$H(e^{j\omega}) = \frac{1}{N}\sum_{k=0}^{N-1}[H(k)\Phi_k(e^{j\omega})]$$

其中，$\Phi_k(e^{j\omega})$ 为频率取样内插函数。

一般设计步骤为：

（1）确定 $H_d(k)$。

$$H_d(k) = H_d(e^{j\omega})\big|_{\omega=\frac{2k\pi}{N}}, \qquad k = 0,1,\cdots,N-1$$

（2）计算 $h(n)$。

$$h(n) = \frac{1}{N} \sum_{k=0}^{N-1} H_{\mathrm{d}}(k) \mathrm{e}^{\mathrm{j}\frac{2\pi nk}{N}}, \quad n = 0, 1, \cdots, N-1$$

（3）计算 $H(z)$ 。

$$H(z) = \sum_{n=0}^{N-1} h(n) z^{-n}$$

另外，应当提出的是内插公式：

$$H(z) = \frac{1 - z^{-N}}{N} \sum_{k=0}^{N-1} \frac{H_{\mathrm{d}}(k)}{1 - \mathrm{e}^{\mathrm{j}\frac{2\pi k}{N}} z^{-1}}$$

此式就是直接利用频率采样值 $H_{\mathrm{d}}(k)$ 形成滤波器的系统函数。

3. 约束条件

为了设计线性相位的 FIR 滤波器，采样值 $H_{\mathrm{d}}(k)$ 要满足一定的约束条件。

上面我们已指出，具有线性相位的 FIR 滤波器，其单位脉冲响应 $h(n)$ 是实序列，且满足 $h(n) = \pm h(N-1-n)$ ，由此得到的幅频和相频特性，就是对 $H_{\mathrm{d}}(k)$ 的约束。

例如，要设计第一类线性相位 FIR 滤波器，即 N 为奇数，$h(n)$ 偶对称，则幅度函数 $H_{\mathrm{g}}(\omega)$ 应具有偶对称性：

$$H\left(\mathrm{e}^{\mathrm{j}\omega}\right) = H_{\mathrm{g}}(\omega) \mathrm{e}^{-\mathrm{j}\omega\left(\frac{N-1}{2}\right)}$$

幅度函数 $H_{\mathrm{g}}(\omega)$ 应具有偶对称性：

$$H_{\mathrm{g}}(\omega) = H_{\mathrm{g}}(2\pi - \omega)$$

令 $H_{\mathrm{d}}(k) = H_{\mathrm{g}}(k) \mathrm{e}^{\mathrm{j}\theta(k)}$ ，则

$$H_{\mathrm{g}}(k) = H_{\mathrm{g}}(N-k), \quad k = 0, 1, \cdots, N-1$$

而 $\theta(k) = -\omega\left(\dfrac{N-1}{2}\right)\bigg|_{\omega=\frac{2\pi}{N}k} = -\dfrac{(N-1)k\pi}{N}, \quad k = 0, 1, \cdots, N-1$

同样，若要设计第二种线性相位 FIR 滤波器，N 为偶数，$h(n)$ 偶对称，由于幅度特性是奇对称的，即 $H_{\mathrm{g}}\left(\omega\right) = -H_{\mathrm{g}}\left(2\pi - \omega\right)$ ，因此

$$H_{\mathrm{g}}(k) = -H_{\mathrm{g}}(N-k), \quad k = 0, 1, \cdots, N-1$$

相位关系与上述相同，即

$$\theta(k) = -\frac{(N-1)k\pi}{N}, \quad k = 0, 1, \cdots, N-1$$

其他两种线性相位 FIR 数字滤波器的设计，同样也要满足幅度与相位的约束条件。

四、滤波器的频率响应

将 $z = \mathrm{e}^{\mathrm{j}\omega}$ 带入内插公式 $H(z) = \dfrac{1 - z^{-N}}{N} \displaystyle\sum_{k=0}^{N-1} \dfrac{H_d(k)}{1 - \mathrm{e}^{\mathrm{j}\frac{2\pi k}{N}} z^{-1}}$ 得

$$H(\mathrm{e}^{\mathrm{j}\omega}) = H(z)\big|_{z=\mathrm{e}^{\mathrm{j}\omega}} = \sum_{k=0}^{N-1} H(k)\varPhi\left(\omega - \frac{2\pi}{N}k\right)$$

其中

$$\varPhi(\omega) = \frac{1}{N} \bullet \frac{\dfrac{\omega N}{2}}{\sin\left(\dfrac{\omega}{2}\right)} \mathrm{e}^{-\mathrm{j}\omega\frac{N-1}{2}}$$

在采样点

$$\omega = \frac{2\pi k}{N}, \quad k = 0,1,2,\cdots,N-1$$

$$\varPhi\left(\omega - \frac{2\pi k}{N}\right) = 1$$

这时 $H(\mathrm{e}^{\mathrm{j}\omega_k})(\omega_k = \dfrac{2\pi k}{N})$ 和 $H(k) = H_d(\mathrm{e}^{\mathrm{j}\frac{2\pi k}{N}})$ 没有误差，但在采样点之间，其误差与 $H_d(\mathrm{e}^{\mathrm{j}\omega_k})$ 特性的平滑程度有关。在 $H_d(\mathrm{e}^{\mathrm{j}\omega_k})$ 幅度曲线的平滑段，误差较小，但在曲线的间断点附近会产生较大的误差，使得滤波器的阻带性能变坏。误差还与采样点数 N 有关，N 越大，误差越小。

为了提高阻带衰减，常采用增加过渡带的方法，如图 8.2.9 所示。

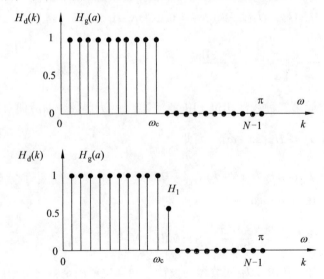

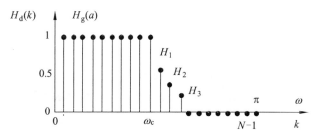

图 8.2.9 通过增加过渡带提高阻滞衰减

子项目三 IIR 与 FIR 数字滤波器的比较

（1）在相同的技术指标下，IIR 滤波器由于存在着输出对输入的反馈，所以可用比 FIR 滤波器更少的阶数来满足指标的要求，所用的存储单元少，运算次数少，较为经济。例如，用频率采样法设计阻带衰减为 –20 dB 的 FIR 滤波器，其阶数需要 33 阶，用双线性变换法只需要 4～5 阶的切比雪夫 IIR 滤波器即可达到指标要求，所以 FIR 滤波器的阶数要高 5～10 倍。

（2）FIR 滤波器可得到严格的线性相位，而 IIR 滤波器做不到这一点。IIR 滤波器的选择性越好，其相位的非线性越严重。因而，如果 IIR 滤波器要得到线性相位，又要满足幅度滤波器的技术要求，必须加全通网络进行相位矫正，这同样会大大增加滤波器的阶数。从这一点看，FIR 滤波器又优于 IIR 滤波器。

（3）FIR 滤波器主要采用非递归结构，因而无论是从理论还是从实际的有限精度运算中它都是稳定的，有限精度运算的误差也较小。IIR 滤波器采用递归结构极点必须在 z 平面单位圆内才稳定，对于这种结构，运算中的四舍五入会引起寄生振荡。

（4）对于 FIR 滤波器，由于冲激响应是有限长的，因而可以用快速傅里叶变换算法，这样运算速度可以快得多。IIR 滤波器则不能这样运算。

（5）从设计上看，IIR 滤波器可以利用模拟滤波器设计，计算工作量较小，而 FIR 滤波器设计仅有计算机程序可以利用，因而需要借助计算机。

现将二者的上述异同点归纳于表 8.3.1 中。

表 8.3.1 IIR 与 FIR 数字滤波器的比较表

IIR 滤波器	FIR 滤波器
$h(n)$ 无限长	$h(n)$ 有限长
极点位于 z 平面任意位置	极点固定在原点
滤波器阶次低	滤波器阶次高得多
非线性相位	有严格的线性相位
递归结构	一般采用非递归结构
不能用 FFT 计算	可用 FFT 计算
可用模拟滤波器设计	设计借助于计算机
用于设计规格化的选频滤波器	可设计各种幅频特性和相频特性的滤波器

✍ 项目小结

（1）本部分作为项目六的后续章节，相关的计算内容也比较繁杂。主要介绍了 IIR 和 FIR 滤波器的设计，不再涉及前述模拟滤波器的内容，但是许多知识点和名词是从项目六的模拟滤波器部分沿用而来。

（2）IIR 数字滤波器的设计，就本项目所述的内容而言，本质上是一种转换而非"设计"，是将成熟的模拟滤波器，依据不同的经验算法，进行数字化改造。脉冲响应不变法、双线性变换法都是经验算法。

（3）FIR 数字滤波器的设计，算法更加复杂，主要借助计算机来完成。本书只是对窗函数法和频率采样法的运算思想加以简要的说明。

✎ 习 题

8.1 设模拟滤波器的系统函数为

$$H_a(s) = \frac{2}{s^2 + 4s + 3}$$

试利用脉冲响应不变法求数字滤波器的系统函数。

8.2 用脉冲响应不变法设计一个数字巴特沃斯低通滤波器，在通带截止频率 $\omega_p = 0.2\pi$ 处的衰减不大于 1 dB，在阻带截止频率 $\omega_T = 0.3\pi$ 处的衰减不小于 15 dB。

8.3 用双线性变换法设计一个数字巴特沃斯低通滤波器。设取样频率 $f_s = 10\ \text{kHz}$，在通带截止频率 $f_p = 1\ \text{kHz}$ 处衰减不大于 1 dB，在阻带截止频率 $f_T = 1.5\ \text{kHz}$ 处衰减不小于 15 dB。

8.4 已知一模拟滤波器的系统函数为

$$H_a(s) = \frac{1}{s^2 + s + 1}$$

采样周期 $T = 2\ \text{s}$，试用双线性变换法将它转换为数字滤波器的系统函数 $H(z)$。

8.5 已知某一模拟滤波器的传输函数为

$$H_a(s) = \frac{3s + 2}{2s^2 + 3s + 1}$$

试用脉冲响应不变法将它转换成数字滤波器的系统函数 $H(z)$，设 $T = 2s$。

8.6 用双线性变换法完成题 8.5。

8.7 图示是由 RC 组成的模拟滤波器，写出其传输函数 $H_a(s)$，并选用一种合适的转换方法，将 $H_a(s)$ 转换成数字滤波器 $H(z)$，最后画出网络结构图。

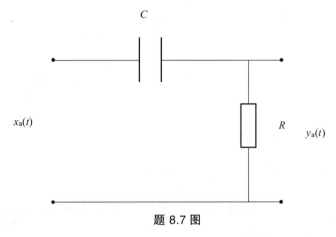

题 8.7 图

8.8 用矩形窗设计线性相位低通滤波器，逼近滤波器传输函数为

$$H_d(e^{j\omega})=\begin{cases} e^{-j\omega\alpha}, & 0\leqslant|\omega|\leqslant\omega_c \\ 0, & \omega_c<|\omega|\leqslant\pi \end{cases}$$

（1）求出相应于理想低通的单位脉冲响应 $h_d(n)$；

（2）求出矩形窗函数设计法的 $h(n)$ 的表达式，确定 α 与 N 之间的关系。

8.9 用矩形窗设计一线性相位高通滤波器，逼近滤波器传输函数 $H_d(e^{j\omega})$ 为

$$H_d(e^{j\omega})=\begin{cases} e^{-j\omega\alpha}, & 0\leqslant|\omega|\leqslant\omega_c \\ 0, & 其他 \end{cases}$$

（1）写出该理想高通滤波器的单位取样响应 $h_d(n)$；

（2）写出矩形窗函数设计法的 $h(n)$ 的表达式，确定 α 与 N 之间的关系；

（3）试讨论 N 的取值有什么限制。

8.10 利用矩形窗、升余弦窗、改进升余弦窗和布莱克曼窗设计线性相位 FIR 低通滤波器。要求通带截止频率 $\omega_c=\pi/4$ rad，$N=21$。分别求出对应的单位脉冲响应，绘出它们的幅频特性并进行比较。

8.11 用频率采样法设计一线性相位 FIR 低通滤波器，给定 $N=21$，通带截止频率 $\omega_c=0.15\pi$ rad。求出 $h(n)$，并讨论为改善其频响应应采取何种措施。

8.12 用矩形窗函数法设计线性相位 FIR 低通滤波器。设 $N=16$，滤波器的给定采样值为

$$H_{dg}(k)=\begin{cases} 1, & k=0,1,2,3 \\ 0.389, & k=4 \\ 0, & k=5,6,7 \end{cases}$$

8.13 改用频率采样法完成题 8.12，将设计结果与题 8.12 进行比较。

8.14 已知模拟信号 $H_a(s)=\dfrac{s+a}{(s+a)^2+b^2}$ 是因果稳定的，求数字滤波器的 $H(z)$。

附录　MATLAB 语言简介

一、关于 MATLAB

Matrix Laboratory(矩阵实验室)简称 MATLAB，是美国 MathWorks 公司开发的一种功能强大的高技术计算语言和内容丰富的软件库。MATLAB 集数值分析、符号运算、函数生成、信号处理、图像处理、建模与仿真等功能于一体，在一个便于用户使用的交互式环境中，提供了高效的编程工具及丰富的算法资源。目前，MATLAB 已经成为数学、信息、控制、经济等诸多学科相关课程有效的教学工具，为广大师生进行理论学习、习题演算、算法推导等提供了一个有力的平台。在科研院所、大型公司或企业的工程计算部门中，MATLAB 也已经成为应用最普遍的计算工具之一。

MATLAB 语言的表达方式与数学、工程中的习惯比较相似。因此，MATLAB 处理大批量的计算问题要比传统的 C、FORTRAN 等简捷得多。众多学科领域中的常用算法在 MATLAB 中被编入一个个子程序，即 m 文件。这些 m 文件包含在一个个工具箱中以供使用者调用，而且绝大部分原文件都是对使用者开放的。例如，数字信号处理中的 FFT、卷积运算、相关分析、滤波器设计等，几乎都有相应的专用指令，仅用一条语句即可调用。与本书中内容直接和间接相关的工具箱如下所示：

signal processing toolbox	信号处理工具箱
wavelet toolbox	小波工具箱
filter design toolbox	滤波器设计工具箱
developer's kit for TI DSP	TI 公司的 DSP 开发工具箱
communication toolbox	通信工具箱
higher-order spectral analysis toolbox	高阶谱分析工具箱

MATLAB 工作界面友好，在具体使用中，使用者可以通过 demo（演示软件）快速形象地演示出各类工具箱中的主要内容。初学者还可以借助 help（帮助功能）尽快入门，并利用 debug 来进行调试。

二、MATLAB 工作环境

本节以 MATLAB7.0 为例加以说明。

安装并启动 MATLAB 后，出现附图 1 所示的命令窗口。图中有 1 个工具栏，3 个工作区域，5 个工作窗口。

①——工具栏。

②——菜单栏。该窗口的下方是主要工作区域，程序的输入和调试在此区域进行。

③——命令窗口。

④——当前路径窗口。该窗口可随时显示系统当前目录下的 MATLAB 文件信息以进行文件管理。

⑤——工作空间窗口。该窗口保存着在 MATLAB 命令窗中所输入的全部命令所产生的运算结果，可实现内存变量的查阅、保存和编辑。

⑥——命令历史窗口。该窗口记录 MATLAB 命令窗中所输入的全部命令，可实现单行或多行命令的复制与运行。

⑦——开始菜单键。利用该键可以快捷地调取菜单栏中的指令。各种工具箱函数也可以通过点击"start"键来调用。

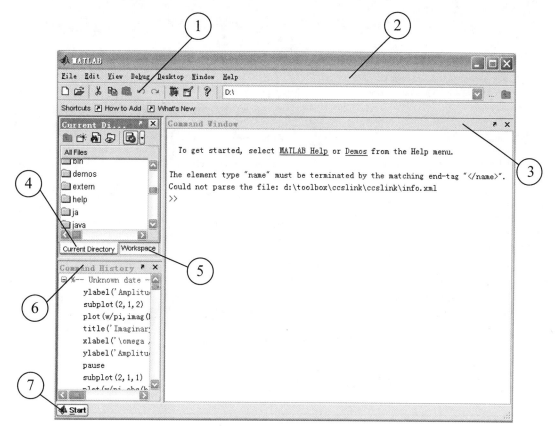

附图 1　MATLAB 的工作界面

三、使用 MATLAB 的主要注意事项

（1）MATLAB 通过变量名来调用变量，变量的命名规则与 C 语言相同，是以字母开头，由字母、下划线、数字组成，长度不超过 31 个。MATLAB 函数用小写字母，如 cos 表示求余弦函数；变量要区分大小写，例如 X 和 x 在 MATLAB 中是不同的变量。

（2）MATLAB 的函数调用格式为[输出参数 1，输出参数 2，…]=函数名（输入参数 1，输入参数 2…）。

（3）MATLAB 中用 "pi" 代表 π，用 "i" 表示虚数单位，二者均为 MATLAB 的预定义变量。

（4）在 MATLAB 中 "%" 之后的内容是注释，对运算没有任何影响。

（5）每个指令输入行后按回车键，则该指令被 MATLAB 执行。

（6）MATLAB 为用户提供了强大的在线帮助功能，用户可在在线帮助下轻松入门并逐步熟练掌握其应用。如附图 2 所示，点击菜单栏 "help" 指令之后，双击相关主题即可得到该主题的进一步详细说明。

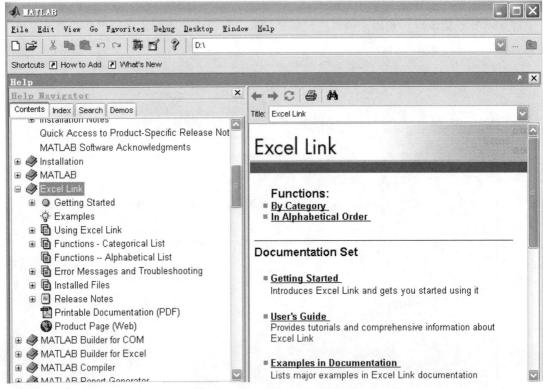

附图 2　MATLAB 的帮助界面

四、主要的 MATLAB 指令列表

指　　令	实　现　功　能
abs	计算绝对值
angle	计算相角
axis	手工设置图中坐标的尺度
blackman	产生布莱克曼窗函数
break	终止循环的进行
butter	设计四种类型数字或模拟巴特沃斯滤波器
buttord	选择数字或模拟巴特沃斯传输函数的最小阶数

指　令	实　现　功　能
ceil	朝 +∞ 方向最接近整数进行取整
cheb1ord	选择模拟或数字切比雪夫 1 型滤波器的最小阶数
cheb2ord	选择模拟或数字切比雪夫 2 型滤波器的最小阶数
chebwin	产生多而夫-切比雪夫窗系数
cheby1	设计所有四种类型的数字或模拟切比雪夫 1 型滤波器
cheby2	设计所有四种类型的数字或模拟切比雪夫 2 型滤波器
clf	从当前图形删除所有对象
conj	计算复共轭
conv	两个多项式相乘
cos	计算余弦
decimate	以整数因子降低序列的抽样率
deconv	进行多项式除法
disp	在屏幕上显示矩阵或文本
echo	在执行中禁止（允许）在屏幕上显示 m 文件
ellip	设计所有四种类型的数字或模拟椭圆滤波器
ellipord	选择模拟或数字椭圆传输函数的最小阶数
else	在一个 if 循环中描述另一语句块
elseif	条件执行在一个 if 循环内的语句块
end	终止一个循环
eps	表示浮点相对精度
exp	计算指数
error	表示一个错误消息
fft	计算离散傅里叶变换系数
filter	以转置级联 II 型结构实现的一个 IIR 或 FIR 滤波器的滤波器数据
filtfilt	进行数据的零相位滤波
fir1	用加窗傅里叶级数法设计所有四类线性相位 FIR 滤波器
fir2	用加窗傅里叶级数法设计具有任意幅度响应的线性相位 FIR 滤波器
fix	朝零方向取整
fliplr	将矩阵进行左右方向翻转
flops	计算浮点运算累积数
freqs	在指定频率点计算一个模拟传输函数的复频率响应
freqz	在指定频率点计算一个数字传输函数的复频率响应
for	以一个给定数目的次数重复执行语句块

指　令	实　现　功　能
format	控制输出显示的格式
function	产生新的 m 函数
grid	在当前图形上增加或减少网格线
grpdelay	在指定频率点计算一个数字传输函数的群延迟
gtext	在鼠标的帮助下于图形上放置文本
hamming	产生海明窗函数
hanning	产生汉宁窗函数
help	对 MATLAB 函数和 m 文件提供在线帮助
hold	保持当前图形
if	条件执行语句
ifft	计算离散傅里叶逆变换系数
imag	确定一个复数或矩阵的虚部
impz	计算给定数目的一个数字传输函数的冲激响应函数
input	要求由用户提供的数据
interp	以一个整数因子增加一个序列的抽样率
inv	矩阵求逆
kaiser	确定凯泽窗系数
kaiserord	确定凯泽窗的滤波器阶数和参数
latc2tf	由 gray-markel 实现给定的格型参数和前馈系数确定传输函数
legend	用一个给定字符串作为标记在当前图上插入说明
length	确定向量长度
linspace	产生线性间隔的向量
load	从磁盘文件中取回保存好的数据
log10	计算常用对数
lookfor	通过所有 help 条目提供关键字搜索
max	确定向量的最大元素
min	确定向量的最小元素
NaN	不是一个数
nargin	表明函数 m 文件体内变量的数目
num2str	将一个数字转换成它的字符串表示
ones	产生所有元素是 1 的向量或矩阵
pause	暂时停止执行直到用户按任何键
pi	返回最接近 ∏ 的浮点数

指　令	实　现　功　能
plot	产生线性二维图形
ploy2rc	确定一个ⅡR 全通产生函数的级联实现的系数
rand	产生在区间（0，1）间均匀分布的随机数和矩形
randn	产生具有零均值和单位方差的整台分布的随机数和矩形
real	确定一个复数或矩阵的实部
rem	确定矩形除以同样大小的矩阵后的余数
remez	用 Parks-McCellan 算法设计线性相位 FIR 滤波器
remezord	和 remez 命令一起使用确定近似阶数、归一化频带边界、频带幅度级和权值
resample	以某个分数改变一个序列的抽样率
residue	确定以 z 的多项式的比表示的离散时间产生函数的部分分式
residuez	确定以 1/z 的多项式的比表示的离散时间产生函数的部分分式
return	返回键盘或调用函数
roots	确定多项式的根
save	在磁盘上保存工作区变量
sawtooth	产生周期为 2π 的锯齿波
sign	执行符号函数
sin	确定正弦
sinc	近似一个向量或排列的 sinc 函数
size	返回矩阵维数
sqrt	计算平方根
square	产生周期为 2π 的方波
stairs	画阶梯图
stem	数据序列的图形表示
subplot	将图形窗口分成多个矩形窗格来显示多个图形
sum	确定一个向量的所有元素的和
tf2latc	确定一个ⅡR 传输函数的 Gray-Markel 实现的格型参数和前馈系数
tf2zp	确定给定传输函数的零点、极点和增益
title	给当前图像加上标题文本
unwrap	消除相位角的跳变来在分支切口上提供平滑的过渡
what	提供文件的目录清单
which	定位函数和文件
while	以不确定的次数重复语句
who	列出内存中的当前变量

指　令	实　现　功　能
whos	列出内存中的当前变量，以及变量大小、是否有非零虚部
xlabel	在当前二维图像中的 x 轴写指定文本
ylabel	在当前二维图像中的 y 轴写指定文本
zeros	生成元素是零的一个向量或矩阵
zp2sos	有一个过渡的零-极-增益表示确定的零点、极点和增益确定其分子和分母系数
zplane	在 z 平面中系数极点和零点

参考文献

[1] 丁玉美，高西全. 数字信号处理[M]. 3 版. 西安：西安电子科技大学出版社，2008.

[2] 程佩青. 数字信号处理教程[M]. 北京：清华大学出版社，2001.

[3] 胡广书. 数字信号处理[M]——理论、算法与实现[M]. 2 版. 北京：清华大学出版社，2003.

[4] 蒋正平，李新. 数字信号处理. 北京：电子工业出版社，2004.

[5] Sanjit K. Mitra. 数字信号处理实验指导书[M]. 孙洪，余翔宇，等，译. 北京：电子工业出版社，2005.

[6] Ingle V K Proakis J G. 数字信号处理——使用 MATLAB[M]. 刘树棠，译. 西安：西安交通大学出版社，2002.

[7] 高西全，丁玉美，阔永红. 数字信号处理——原理、实现及应用[M]. 北京：电子工业出版社，2006.

[8] 刘晓阳，付晨，李亚楠. 数字信号处理[M]. 济南：山东科学技术出版社，2007.

[9] 董作霖. 信号与系统[M]. 北京：北京理工大学出版社，2010.

[10] 徐昌彪. 电路、信号与系统[M]. 北京：电子工业出版社，2012.

[11] 高政. 信号处理与系统分析[M]. 北京：中国水利水电出版社，2005.

[12] 廖丽娟. 电路与信号分析基础[M]. 北京：电子工业出版社，2011.